わかる有機化学シリーズ 4

有機合成化学

齋藤勝裕・宮本美子 著

東京化学同人

イラスト 山田好浩

刊行にあたって

　有機化学は膨大な内容と精緻な骨格をもった学問分野であり，その姿は壮大なピラミッドに例えることができる．ピラミッドが無数の石を積み上げてできているように，有機化学もまた数々の知識と理論の積み重ねによってできている．

　『わかる有機化学シリーズ』は，このような有機化学の全貌を「有機構造論」,「有機反応論」,「有機スペクトル解析」,「有機合成化学」,「有機立体化学」の五つの分野について，それぞれまとめたものである．これらはいずれも有機化学の核となる分野であるので，本シリーズをマスターすれば，ピラミッドのように壮大な有機化学における基礎知識がしっかりと身についているはずだ．

　本シリーズの最大の特徴は，簡潔で明確な記述によって，有機化学の本質を的確に解説するように心掛けたことだ．さらに，図とイラストを用いて，"わかりやすく"，そして"楽しく"理解できるように工夫した．

　「学問に王道はない」という．しかし，それは学問の道が「茨の道」である，ということとは違う．茨は抜けばよいし，険しい道はなだらかにすればよい．そして，所々に花壇や噴水でもつくったら，学問の道も「楽しい散歩道」になるはずだ．そのような道を用意するのが，本シリーズの役割と心得ている．

　本シリーズを通じて，多くの読者の方々に，有機化学の面白みや楽しさをわかっていただきたいと願ってやまない．

　最後に，本シリーズの企画にあたり努力を惜しまれなかった東京化学同人の山田豊氏に感謝を捧げる．

2008 年 1 月

齋　藤　勝　裕

ま え が き

　本書は「わかる有機化学シリーズ」の一環として，有機化合物をどのようにしてつくり出すのか，つまりその合成法についてまとめたものである．これから有機合成化学を学ぼうとする方々に，是非，手元においていただきたい一冊である．

　望みの化学物質を合成することは，有機化学における大きな目標の一つである．有機合成では，基本となる有機分子を出発として，さまざまな化学反応を駆使し，結合の切断と生成を繰返して，目的の分子をつくり出す．そのため，有機合成について理解するには，有機分子の構造，結合，反応など，有機化学の幅広い知識が不可欠となる．

　本書では，有機合成化学における重要なポイントをしっかりと習得できるように，特に，基本的な合成反応を精選し，簡潔で明確な記述によってわかりやすく解説した．また，有機合成を効率よく行うための戦略についても具体的にふれ，実践的な力がバランスよく身につくように工夫を凝らした．さらには，日常生活に深くかかわりのある物質の合成法についても取上げ，有機合成について興味をもって学ぶことができるように配慮した．

　本書を通じて，一人でも多くの読者の方々に，有機合成化学の面白みを感じていただき，今後のステップとして役立てていただければ幸いである．

　なお，執筆は8，9章は宮本が，それ以外の章を齋藤が担当した．

　最後に，本書刊行にあたりお世話になった東京化学同人の山田豊氏と，楽しいイラストを添えていただいた山田好浩氏に感謝申し上げる．

2008年9月

齋　藤　勝　裕

目 次

第I部 有機合成化学を学ぶまえに

1章 有機分子の構造と結合 …………………………………… 3
1. 有機分子の基本的な姿 …………………………………… 3
2. 有機分子をつくる共有結合 ……………………………… 5
3. sp^3 混成軌道 ……………………………………………… 7
4. sp^2 および sp 混成軌道 ………………………………… 9
5. 芳香族化合物の構造 ……………………………………… 11
6. 結合の分極 ………………………………………………… 14

第II部 有機合成化学の基礎

2章 結合の切断 ……………………………………………… 19
1. ラジカル的切断 …………………………………………… 19
2. イオン的切断 ……………………………………………… 21
3. 酸化的切断 ………………………………………………… 25
4. 脱離的切断 ………………………………………………… 28
5. その他の結合の切断 ……………………………………… 30
　　コラム　ラジカルを用いた高分子の合成 …………………22
　　コラム　イオンラジカル …………………………………24

3章 結合の生成と変換 ……………………………………… 33
1. 求核置換反応 ……………………………………………… 33
2. 求電子置換反応 …………………………………………… 36
3. 求電子付加反応 …………………………………………… 39

4．求核付加反応 …………………………………………… 42
　　5．付加環化反応 …………………………………………… 45
　　6．不飽和結合の導入と変換 ……………………………… 48
　　　　コラム　エナンチオマーとその性質 …………………35

4章　官能基の導入 …………………………………………… 53
　　1．ハロゲン原子の導入 …………………………………… 53
　　2．ヒドロキシ基の導入 …………………………………… 56
　　3．カルボニル基の導入 …………………………………… 58
　　4．カルボキシ基の導入 …………………………………… 60
　　5．窒素を含む官能基の導入 ……………………………… 62
　　6．その他の官能基の導入 ………………………………… 65

5章　その他の有用な合成反応 …………………………… 67
　　1．有機金属試薬および遷移金属錯体 …………………… 67
　　2．電気化学反応 …………………………………………… 70
　　3．光化学反応 ……………………………………………… 72
　　4．二つの相を利用した反応 ……………………………… 74
　　5．環境にやさしい有機合成 ……………………………… 76

第Ⅲ部　合成反応の設計

6章　単位構造の合成 ………………………………………… 81
　　1．1個の炭素の伸長 ……………………………………… 81
　　2．複数個の炭素の伸長 …………………………………… 83
　　3．環状構造の構築 ………………………………………… 86
　　4．炭素骨格の短縮 ………………………………………… 88
　　5．官能基の変換 …………………………………………… 90

7章　有機合成の戦略 ………………………………………… 93
　　1．分割思考 ………………………………………………… 94
　　2．合成等価体 ……………………………………………… 96
　　3．逆合成解析 ……………………………………………… 99
　　4．合成経路の設計 ………………………………………… 101

5. 効率的な有機合成のためのテクニック ································· 103

第IV部　合成反応の実際

8章　基礎的な合成反応 ································· 109
　1. プロピンからのケトン，アルデヒドの合成 ················· 109
　2. ブチルアルコールの酸化反応 ································· 112
　3. 1,2-ジオールの合成 ··· 113
　4. シクロヘキサノンからの合成 ································· 115
　5. トルエンからの合成 ··· 119
　6. アニリンのニトロ化反応 ····································· 121
　7. ヘテロ環化合物の合成 ······································· 121
　　　コラム　アルキンへの水の付加の反応機構 ················· 110

9章　応用的な合成反応 ································· 125
　1. サッカリンの合成 ··· 125
　2. アスピリンの合成 ··· 126
　3. サルファ剤の合成 ··· 127
　4. インドメタシンの合成 ······································· 129
　5. ダイオキシンの合成経路 ····································· 130
　6. メントールの合成 ··· 132
　　　コラム　ダイオキシンってどのようなもの ················· 133
　　　コラム　不斉触媒 ··· 135

10章　有機合成の実際 ································· 137
　1. 反応装置 ··· 137
　2. 分離・精製 ··· 139
　3. クロマトグラフィー ··· 142
　4. 構造決定 ··· 144
　5. 有機合成をやってみよう ····································· 148

索　引 ··· 152

I

有機合成化学を学ぶまえに

1 有機分子の構造と結合

基本となる有機分子を出発として，さまざまな有機反応を行い，結合の切断と生成を繰返して部分構造（化学部品）を作製し，それらを組合わせることによって，目的の有機分子を手に入れることを**有機合成**（organic synthesis）という．有機合成について理解するためには，有機分子の構造，結合，反応などの知識が必要となる．

ここでは，有機分子の基本的な構造と有機分子を構成する結合について見てみよう．

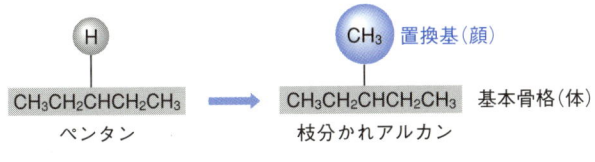

1. 有機分子の基本的な姿

有機分子の基本的な構造を知ることは，有機分子を合成するさいに重要となる．ここでは，有機分子の一般的な姿について見てみよう．

基本骨格と置換基

有機分子の基本的な構造は，私たちと同じように顔と体に分けて考えることができる．図 1・1 は枝分かれしたアルカンの構造である．炭素 5 個

CH₃CH₂CHCH₂CH₃　→　CH₃CH₂CHCH₂CH₃
（H）　　　　　　　　　（CH₃ 置換基（顔））
ペンタン　　　　　　　枝分かれアルカン　基本骨格（体）

図 1・1　有機分子の基本的な姿

4   I. 有機合成化学を学ぶまえに

> **ポイント!**
> 有機分子は基本骨格（体）と置換基（顔）からなっている．

からなるペンタンの長い直鎖状の部分に炭素1個分の短い枝がついている．

この5個の炭素からなる直鎖状の部分が分子の本体である"体"に相当し，**基本骨格**（炭素骨格，carbon skeleton）という．一方，短い枝の部分（CH_3）が"顔"に相当し，炭素骨格の水素原子1個と置き換わっている．この部分を**置換基**（substituent）という．

このように，有機分子は基本骨格と置換基の二つの部分から構成されていると考えることができる．

官 能 基

> 官能基の定義は炭素，水素でできた置換基のうち，不飽和結合をもつもの，および炭素，水素以外の原子をもつ置換基のことである．

置換基のうちで，その分子のもつ特徴的な性質の原因となるものを**官能基**（functional group）という．代表的な官能基を表1・1に示した．

表1・1 代表的な官能基

官能基	名 称	一般式	一般名
－OH	ヒドロキシ基	R－OH	アルコール
＞C＝O	カルボニル基	R＞C＝O R	ケトン
－C（＝O）H	ホルミル基	R－C（＝O）H	アルデヒド
－C（＝O）OH	カルボキシ基	R－C（＝O）OH	カルボン酸
－NH_2	アミノ基	R－NH_2	アミン
－CN	ニトリル基	R－CN	ニトリル

同じ官能基をもつ有機分子は基本骨格が異なっても，その官能基に共通した特有の性質を示す．一方，同じ基本骨格をもつ有機分子でも，官能基の種類を変えれば，その性質は大きく異なってくる．

> **ポイント!**
> 官能基は有機分子の性質を決める重要な要素である．

つまり，官能基を別の種類のものに置換すれば，さまざまな性質をもった新しい有機分子を手に入れることができることになる（図1・2）．このような操作は，有機合成の最も簡単な方法の一つである．

1. 有機分子の構造と結合　5

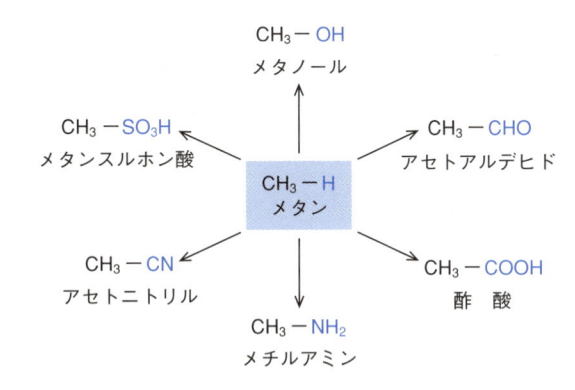

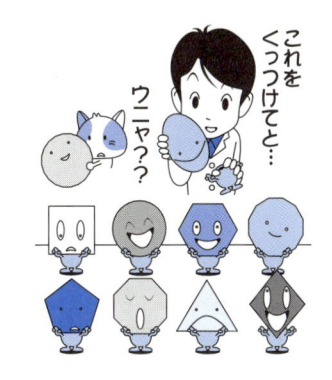

CH₃－OH　メタノール
CH₃－SO₃H　メタンスルホン酸
CH₃－CHO　アセトアルデヒド
CH₃－H　メタン
CH₃－CN　アセトニトリル
CH₃－COOH　酢酸
CH₃－NH₂　メチルアミン

図1・2　メタンの水素を官能基で置換した有機分子の例

2. 有機分子をつくる共有結合

　有機分子を合成するためには，結合の切断と生成を行わなければならない．このためには，有機分子を構成する結合について知ることが重要である．ここでは，その中心となる共有結合について見てみよう．

ポイント！
有機分子はおもに炭素と炭素，炭素と水素の間の共有結合によって構成された分子である．

共有結合の形成

　共有結合は以下のように形成される．図1・3は2個の水素原子から水素分子できる様子を示したものである．2個の水素の原子軌道（1s軌道）

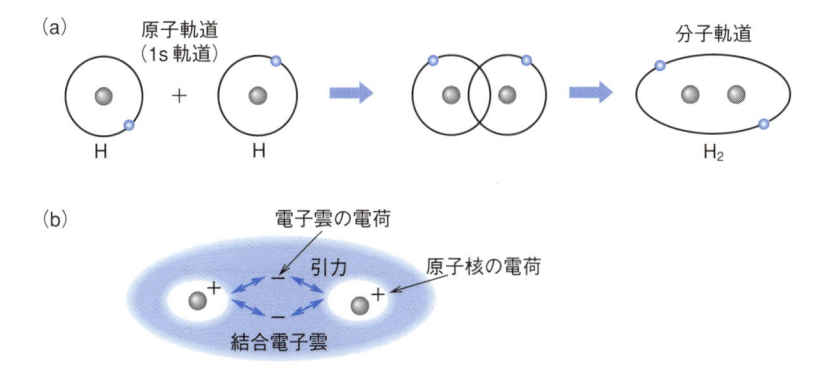

(a) 原子軌道（1s軌道）　→　分子軌道
　H ＋ H　→　H₂

(b) 電子雲の電荷　引力　原子核の電荷　結合電子雲

図1・3　水素分子のできる過程（a）および結合電子雲（b）

6   I. 有機合成化学を学ぶまえに

が重なり，それぞれの原子核のまわりを取囲む一つの大きな分子軌道ができる．

水素原子の電子はこの分子軌道に入り，電子は2個の水素原子に共有されるので，このようにしてできた結合を**共有結合**（covalent bond）という．これらの電子は，おもに結合する2個の原子の間に存在し，結合電子（雲）とよばれる．

一つの原子軌道に定員一杯の2個入った電子を"非共有電子対"という．非共有電子対は共有結合の形成には関与しない．

共有結合は一つの原子軌道に1個だけしかない電子，つまり"不対電子"が共有されることによって形成されたものである．したがって，原子は不対電子と同じ数だけの共有結合をつくりだすことができる．

共有結合の種類

結合する2個の原子が1個ずつの電子を出しあってできたものが**単結合**（single bond）であり，2個ずつのときは**二重結合**（double bond），3個ずつのときは**三重結合**（triple bond）が形成される．

さらに，共有結合は結合の重なり方によって，下記に示す σ 結合と π 結合の2種類がある．単結合は σ 結合，二重結合は σ 結合と π 結合，三重結合は σ 結合と二つの π 結合で構成される．

ポイント！
単結合：σ結合
二重結合：σ結合＋π結合
三重結合：σ結合＋π結合＋π結合

σ 結 合

原子において電子が入る原子軌道には，s 軌道，p 軌道などがある．こ

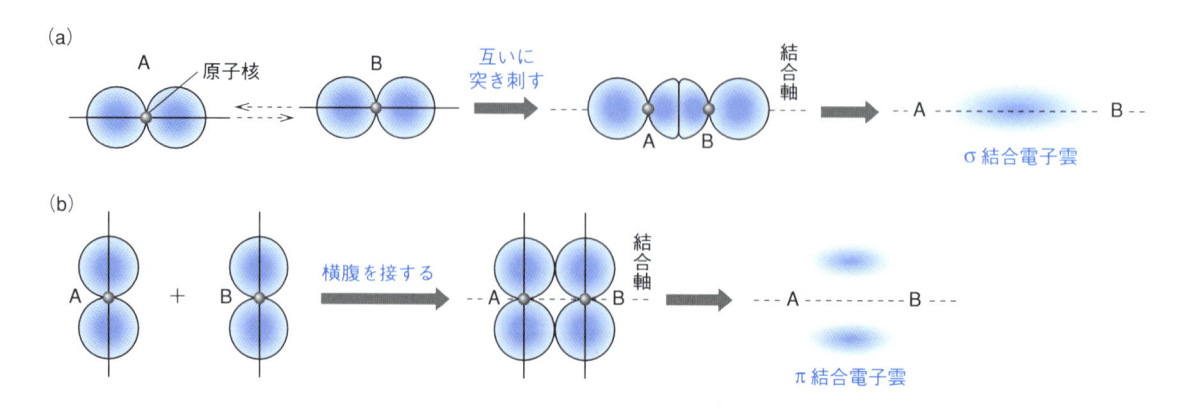

図1・4　σ結合（a）およびπ結合（b）

1. 有機分子の構造と結合　7

れらの軌道はそれぞれ特有の形をしており，s 軌道は球形，p 軌道は 2 個の団子を串にさしたような形をしている．ここでは，二つの p 軌道を例に見てみよう．図 1・4 (a) に示すように，2 本の串団子が互いに，自分の串で相手を突き刺すように結合したものが **σ 結合** である．σ 結合の結合電子雲は，2 個の原子核を結ぶ結合軸に沿って紡錘形に存在する．

π 結 合

二つの p 軌道が平行に並んでも，両者の間に結合が生じる．すなわち，ちょうど 2 本の串団子が互いに横腹を接するようにして結合したものを **π 結合** という（図 1・4b）．π 結合の電子雲は，結合軸をはさんで上下に分かれて存在する．

σ 結合と π 結合を比べると，軌道の重なりは σ 結合のほうが大きい．このため，σ 結合は π 結合よりも強い．

一般に共有結合では，単結合＜二重結合＜三重結合の順で強くなる．

3. sp³ 混成軌道

炭素は混成軌道を用いて共有結合を形成する．**混成軌道**（hybrid orbital）は s 軌道，p 軌道などを再編成してできた新しい軌道のことをいう．

炭素が形成する混成軌道によって，さまざまな形の有機分子が生まれる．

混 成 軌 道

混成軌道は例えをもちいるとわかりやすい．たとえば，s 軌道を豚肉のハンバーグ，p 軌道を牛肉のハンバーグとしよう．この 2 種類のハンバーグ 1 個ずつを原料として混ぜて二つに等しく分けると，合い挽き肉のハンバーグが 2 個できる．これが混成軌道である．

豚肉と牛肉のハンバーグの値段（エネルギー）をそれぞれ，100 円，500 円とすると，合い挽きハンバーグの値段（エネルギー）は 300 円となる．この関係は，各軌道のエネルギー関係に反映される．

混成軌道にはつぎの特徴がある．
① 元（原料）の軌道の個数に等しい個数の混成軌道ができる．
② エネルギーは元の軌道のエネルギーの加重平均となる．

s 軌道＜sp 混成軌道＜sp² 混成軌道＜sp³ 混成軌道＜p 軌道と，p 軌道の割合が多くなるにつれてエネルギーが高くなる．

8   I. 有機合成化学を学ぶまえに

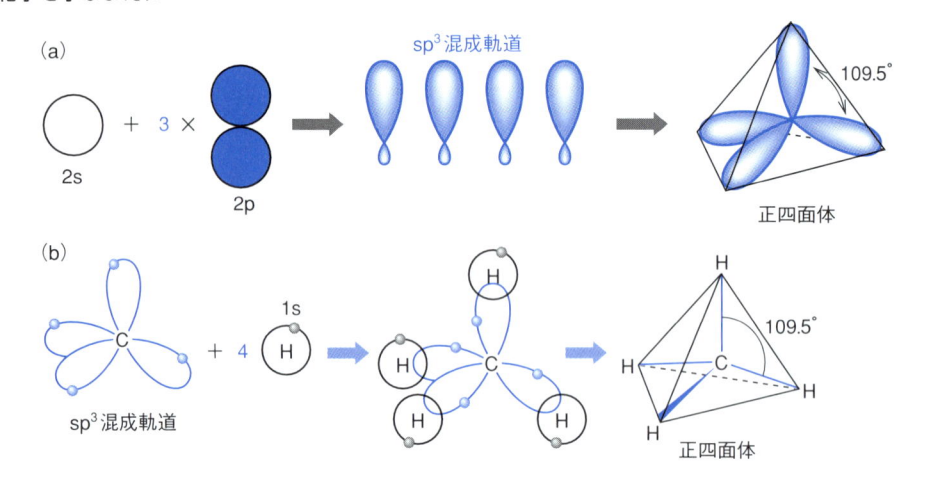

図1・5 sp³混成軌道の形成（a）およびメタンの構造（b）

sp³の3はp軌道が3個使われていることを示す．

この角度は，海岸に置いてある波消しブロックのテトラポッドの脚の角度と同じである．

ポイント！
C−C，C−H単結合はsp³混成軌道によって形成される．

sp³ 混 成 軌 道

　一つのs軌道と三つのp軌道からできたものを **sp³混成軌道** という（図1・5a）．sp³混成軌道は四つあり，互いに109.5°の角度で交わる．それぞれのsp³軌道には1個ずつの不対電子が入っているので，それらの不対電子を用いて，4本の共有結合を形成することができる．

メタンの結合

　メタン CH_4 は，炭素の四つのsp³混成軌道に，4個の水素の1s軌道が重なってできたものである（図1・5b）．この結合の結合電子雲は結合軸に沿って紡錘形状に存在するので，σ結合である．メタンはsp³混成軌道の角度を反映して，正四面体形をとっている．

メチルラジカルの結合

　メタンから水素原子（H·）を1個取去るとメチルラジカル $CH_3·$ となる（図1・6a）．メチルラジカルの炭素はメタンの炭素と同じだからsp³混成状態である．水素が取去られた混成軌道には，C−H結合を構成した2個の結合電子の片方が残るので，不対電子となっている．
　このように，不対電子をもった分子種（または原子）を一般に **ラジカル**

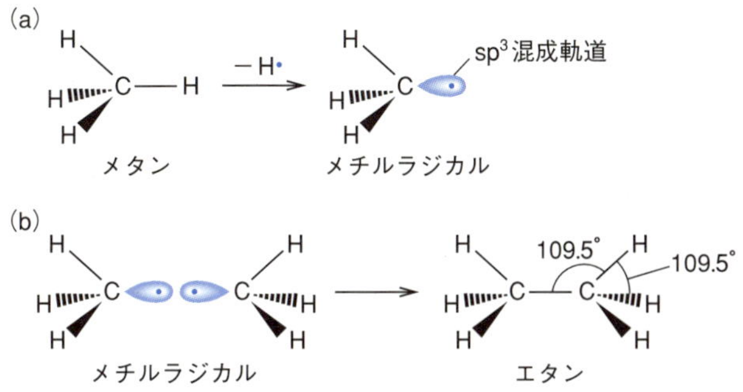

図1・6　メチルラジカル（a）およびエタン（b）の生成

(radical) という．ラジカルは不安定であり，反応性が高いために，一般には単離することはできない．

ラジカルについては2章も参照のこと．

エタンの結合

2個のメチルラジカル $CH_3\cdot$ において不対電子の入った軌道を重ねあわせれば，C−C 間に新しい σ 結合ができる（図1・6b）．このようにしてできたのが，エタン CH_3-CH_3 である．

エタンから $H\cdot$ を取去れば，エチルラジカル $CH_3CH_2\cdot$ ができる．エチルラジカルとメチルラジカルが結合するとプロパン $CH_3CH_2CH_3$ になり，エチルラジカル2個が結合すればブタン $CH_3CH_2CH_2CH_3$ になる．このようにして，いくらでも長いアルカン分子ができることになる．

4. sp² および sp 混成軌道

多くの有機分子は二重結合，三重結合などの不飽和結合を含む．二重結合を構成するのは sp² 混成軌道であり，三重結合を構成するのは sp 混成軌道である．

sp² 混成軌道

一つの s 軌道と二つの p 軌道（p_x 軌道と p_y 軌道）からできる混成軌道を **sp² 混成軌道**という．sp² 混成軌道は3個あり，すべて同一平面上

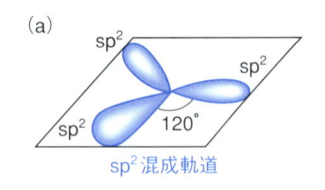

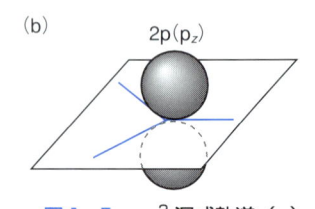

(a)

図1・7 sp² 混成軌道 (a) および p_z 軌道 (b)

このような骨格をσ骨格ということがある.

ポイント!

C＝C 二重結合の炭素は sp² 混成状態である.

(xy 平面) にあって，互いに 120°の角度で交わっている (図1・7a).

p 軌道は 3 個あるので，そのうち二つ (p_x 軌道と p_y 軌道) は sp² 混成軌道に参加するが，残りの一つ (p_z 軌道) は混成軌道にならず，p 軌道のまま残ることになる．この p_z 軌道は混成軌道がのっている平面 (xy 平面) を垂直に貫いている (図1・7b)．最外殻の 4 個の電子は三つの sp² 混成軌道と p_z 軌道に 1 個ずつ入る．

エチレンの構造

sp² 混成状態の炭素がつくる代表的な分子は，エチレン $H_2C=CH_2$ である．エチレンの基本的な骨格は，図1・8 (a) に示したように構成される．すなわち，2 個の炭素どうしが sp² 混成軌道を使って結合し，残った混成軌道で 4 個の水素と結合する．これらの結合はすべて σ 結合による．

このようにすると，6 個の構成原子はすべて同一平面上にのることになる．エチレンのすべての結合角は基本的に 120°である．

上で見たように，sp² 混成炭素には p_z 軌道が存在する．エチレンでは，2 個の炭素上の p_z 軌道は互いに平行に並んでいる (図1・8b)，これらの p_z 軌道が横腹を接するようにして結合する．このような結合を π 結合と

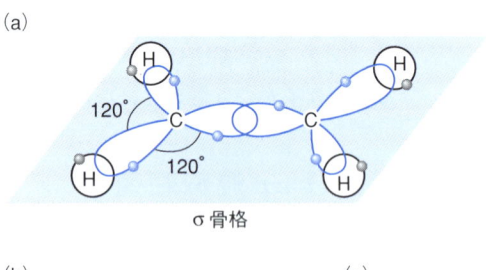

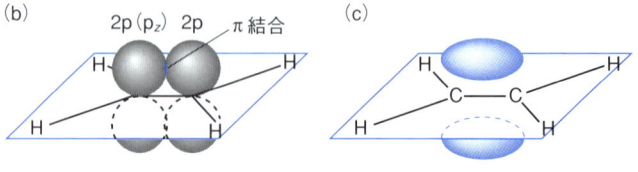

図1・8 **エチレンの構造**．(a) エチレンの結合状態，(b) π 結合，(c) π 結合電子雲

いう．すなわち，エチレンの C=C 結合は σ 結合と π 結合によって二重に結合していることになる．

また，π 結合電子雲はエチレンの分子平面をはさんで上下に分かれて存在する（図 1・8c）．

sp 混成軌道

1 個ずつの s 軌道と p 軌道（p_x 軌道）からできた混成軌道を **sp 混成軌道** という．二つの sp 混成軌道は互いに 180°の反対方向を向いている（図 1・9a）．混成に関係しなかった二つの p 軌道（p_y 軌道と p_z 軌道）は混成軌道に直交して存在する（図 1・9b）．

sp 混成炭素がつくる典型的な分子はアセチレン HC≡CH である．アセチレンの炭素は混成軌道を使って σ 結合をする（図 1・10a）．さらに，互いの p_y 軌道と p_y 軌道，p_z 軌道と p_z 軌道の間で合計二つの π 結合を構成する（図 1・10b）．このように C≡C 結合は混成軌道による σ 結合と，互いに直交する二つの π 結合によって三重結合を形成している．

二つの π 結合電子雲は互いに混ざりあって，円筒形の π 電子雲をつくる（図 1・10c）．

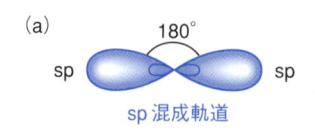

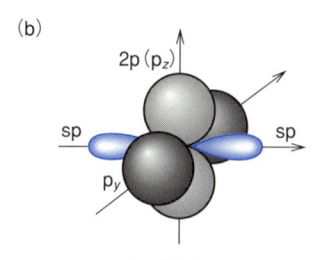

図 1・9 **sp 混成軌道**．(a) sp 混成軌道の形，(b) p_y，p_z 軌道

ポイント！
C≡C 三重結合の炭素は sp 混成状態である．

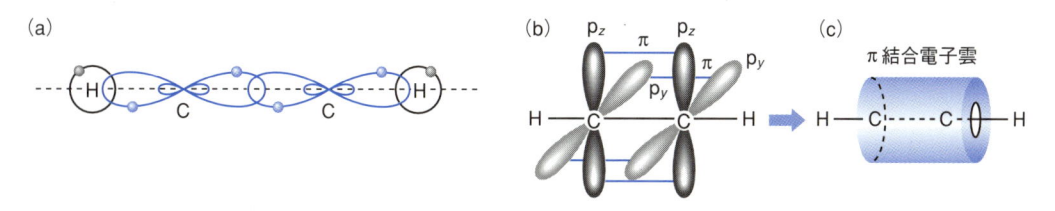

図 1・10 **アセチレンの構造**．(a) σ 骨格，(b) π 結合，(c) π 結合電子雲

5. 芳香族化合物の構造

ベンゼンに代表される芳香族化合物は，有機合成の原料として，また目的化合物として大切なものである．ここでは，芳香族化合物の構造を見ておこう．

ポイント！
芳香族化合物は有機合成において鍵となる重要な分子である．

共役二重結合

二重結合と単結合が交互に並んだ結合を**共役二重結合**（conjugated double bond）という．共役二重結合をもつ典型的な化合物はブタジエンである（図 1・11）．ブタジエンを構成する 4 個の炭素はすべて sp² 混成状態であり，p 軌道をもっている．この四つの p 軌道はすべて横腹を接して π 結合を構成することになる．すなわち，C_1-C_2，C_3-C_4 の間だけでなく，C_2-C_3 の間にも π 結合が存在するのである．

$$H_2C=CH-CH=CH_2 \qquad H_2C=CH_2$$
ブタジエン　　　　　　エチレン

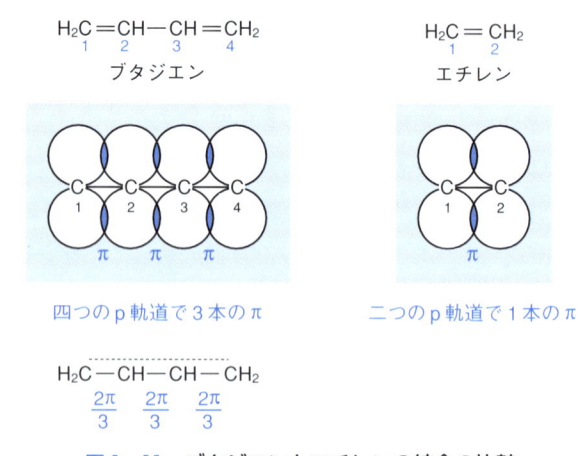

四つの p 軌道で 3 本の π　　　二つの p 軌道で 1 本の π

$$H_2C-CH-CH-CH_2$$
$$\frac{2\pi}{3} \quad \frac{2\pi}{3} \quad \frac{2\pi}{3}$$

図 1・11 ブタジエンとエチレンの結合の比較

この結果，ブタジエンは四つの p 軌道を使って 3 本の π 結合をつくっている．すなわち，一つの π 結合は 4/3 個の p 軌道から構成されていることになる．しかし，エチレンの 1 本の π 結合は二つの p 軌道からできている．したがって，ブタジエンの π 結合はエチレンの π 結合の 2/3 の強度しかないことになる．

このように共役二重結合では，すべての結合が単結合と二重結合の中間の性質をもつのである．

芳香族化合物

共役二重結合は環状化合物に組込むこともできる．このようなものを"環状共役化合物"という．環状共役化合物で環内に $(2n+1)$ 本の二重結

合をもつものを**芳香族化合物**（aromatic compound）という．一つの二重結合は 2 個の π 電子をもつことから見れば，このことは環内に $(4n+2)$ 個の π 電子をもつものは芳香族化合物であるということになる．

ベンゼンは 3 本の π 結合をもつから $n=1$ の例であり，シクロデカペンタエン（下図）は $n=2$ の例となり，ともに芳香族化合物である．

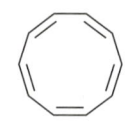

ヘテロ芳香族化合物

環状化合物の環を構成する原子で，炭素以外のものを"ヘテロ原子"という．芳香族化合物のうちで，ヘテロ原子を含むものを**ヘテロ芳香族化合物**（heteroaromatic compound）という．

ピリジンはヘテロ芳香族化合物の典型的な例である（図 1・12a）．ピリジンの窒素は最外殻に 5 個の電子をもつ．この窒素は sp^2 混成であり，p 軌道と二つの sp^2 混成軌道に 1 個ずつの電子が入り，残る一つの sp^2 混成軌道に 2 個の電子が入って非共有電子対となる．すなわち，ピリジンの共役二重結合を構成する五つの炭素 p 軌道と，一つの窒素 p 軌道のあわせて六つの p 軌道にはそれぞれ 1 個ずつ，合計 6 個の電子が入る．この結果，ピリジンは $(4n+2)$ 個の π 電子をもつことになり，芳香族化合物となる．

ピロールも典型的なヘテロ芳香族である（図 1・12b）．ピロールの共役二重結合を構成する p 軌道は，四つの炭素 p 軌道と一つの窒素 p 軌道の合わせて五つである．ピロールの窒素もピリジンの窒素と同様に sp^2 混成で

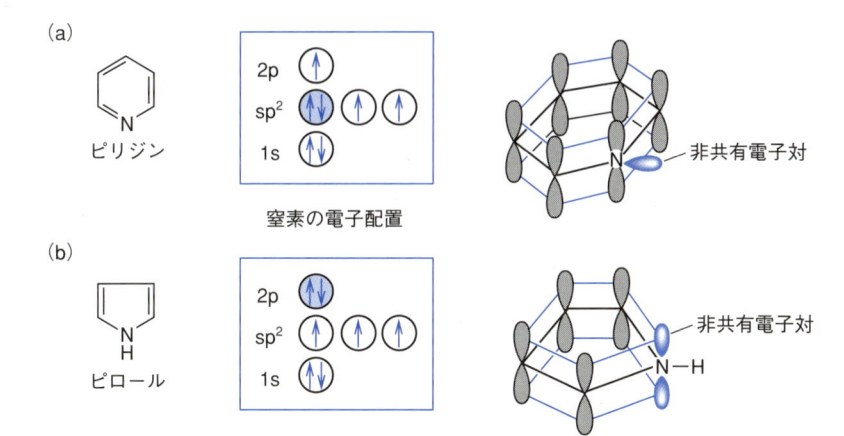

図 1・12 ヘテロ芳香族化合物の例

14   I. 有機合成化学を学ぶまえに

まったく同様の理由で，フラン，チオフェンもヘテロ芳香族化合物である．

フラン　チオフェン

あるが，電子配置が異なる．すなわち，三つの sp² 混成軌道にはすべて 1 個の電子が入り，非共有電子対は p 軌道に入る．この結果，ピロールの環内には炭素 p 軌道の 4 個の電子と，窒素 p 軌道の非共有電子対の 2 個の電子，あわせて 6 個となる．このため，ピロールも芳香族化合物となる．

6. 結 合 の 分 極

ポイント！

結合の分極は有機分子の性質や反応性を支配する重要な要因の一つとなっている．

たとえば，H−Cl では H よりも Cl のほうが電気陰性度が大きいので，$H^{\delta+}Cl^{\delta-}$ のように分極している．

異なる原子が結合すると，分子中における電子密度分布に偏りが生じ，一方の原子がプラスに，もう一方の原子がマイナスに荷電することがある．このような現象を結合の**分極**（polarization）という．

電気陰性度

原子が電子を引きつける傾向を表す数値を**電気陰性度**（electronegativity）という．電気陰性度が異なる原子により構成される分子では，原子間の電子密度分布に偏りが生じ，プラスとマイナスに荷電した部分をもつことになる．図 1・13 に示したように，電気陰性度は周期表の右上にいくほど大きくなっている．

H 2.1							He
Li 1.0	Be 1.5	B 2.0	C 2.5	N 3.0	O 3.5	F 4.0	Ne
Na 0.9	Mg 1.2	Al 1.5	Si 1.8	P 2.1	S 2.5	Cl 3.0	Ar
K 0.8	Ca 1.0	Sc 1.3	Ge 1.8	As 2.0	Se 2.4	Br 2.8	Kr

図 1・13　元素の電気陰性度

誘 起 効 果

分子中のある部分に生じた結合の分極は，その分極した結合から離れた原子にも影響を及ぼし，同様な分極をもたらす．これを**誘起効果**（inductive effect）という．

有機分子を例にとると，炭素骨格（C）と置換基（X）の間でσ結合電子雲の偏りが生じ，結合の分極を誘起する．電気陰性度が炭素よりも大きい置換基は炭素骨格から電子を奪うので，炭素骨格はプラスに荷電する（図1・14a）．これを**電子求引効果**（electron-withdrawing effect）という．

このような効果をもつ置換基を**電子求引基**といい，ハロゲン原子や，$-OH$ (OR)，$-CHO$ (COR)，$-COOH$ $(COOR)$，$-NH_2$ (NR_2)，$-NO_2$ などがある．

一方，置換基の電気陰性度が炭素骨格より小さい場合には，炭素骨格に結合電子雲が供給され，炭素骨格がマイナスに荷電する（図1・14b）．これを**電子供給効果**（electron-donating effect）という．

このような効果をもつ置換基を**電子供給基**という．しかし実際には，炭素より電気陰性度の小さい原子が置換基になることはない．電子供給基の例としては，$-O^-$ のようにマイナスに荷電して電子が過剰になったものがある．また，$-CH_3$，$-C_2H_5$ のようなアルキル基も電子を供給する作用がある．

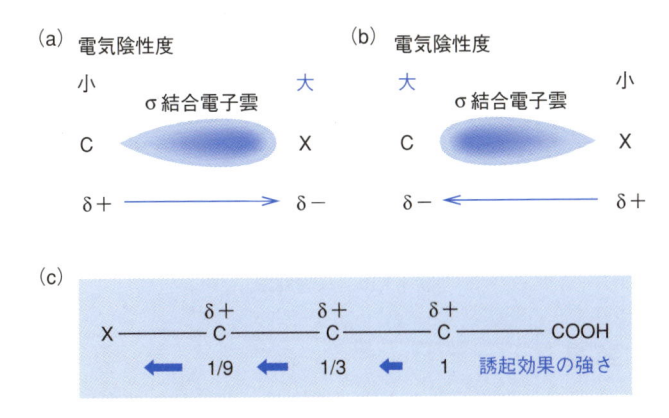

図1・14 **誘起効果**．(a) 電子求引効果，(b) 電子供給効果，(c) 誘起効果の強さ

誘起効果では，電子の偏りがσ結合を通じて伝達される．その効果の程度は結合を介するごとに減少する．たとえば，図1・14(c)に示すように，一般に一つのσ結合ごとに，1/3程度減少するといわれている．

共鳴効果

π結合を通じて，電子の偏りが生じ，分極が起こる場合を**共鳴効果**（resonance effect）という．ここでは，二重結合に塩素が結合した有機分子の例を見てみよう．塩素の三つの3p軌道のうち，一つには不対電子が入っているが，他の二つには非共有電子対が入っている．

塩素が不対電子の入ったp軌道を使って炭素とσ結合をすると，非共有電子対の入ったp軌道の一つは二重結合炭素のp軌道と平行に並ぶことができる．この結果，炭素2個と塩素からなる3個の原子間に広がる共役系が形成される（図1・15a）．

この共役系に入る電子は，2個の炭素に1個ずつ，塩素のp軌道に2個で，合計4個である．この4個の電子が3個の原子間に分配されるので，各原子上には平均4/3個になる．この結果，炭素では中性状態に比べて電子が1/3個多くなり，塩素では2/3個少なくなる．すなわち，炭素は$-1/3$に荷電し，塩素は$+2/3$に荷電することになる．このように，置換基Xがπ結合を通じて電子の授受を行うのが共鳴効果である（図1・15b）．

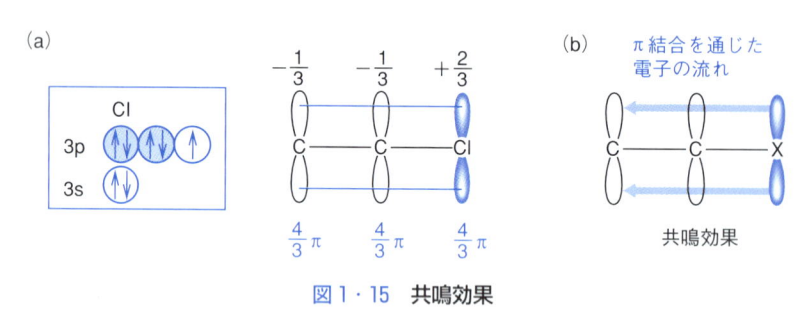

図1・15 共鳴効果

置換基効果

誘起効果や共鳴効果などのように，置換基の電子的な効果により分子の性質や反応性に影響を及ぼす効果を一般に**置換基効果**（substituent effect）という．塩素のようなハロゲン原子が二重結合に結合した場合，二重の置換基効果を及ぼす．すなわち，σ結合を通じては誘起効果によって電子を求引し，π結合を通じては共鳴効果によって電子を供給する（図1・16）．この結果，置換基の正味の効果としては，この両者の差（和）ということになる．

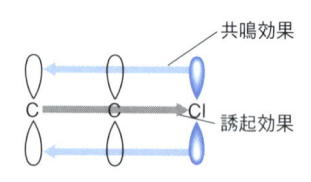

図1・16 置換基効果

II

有機合成化学の基礎

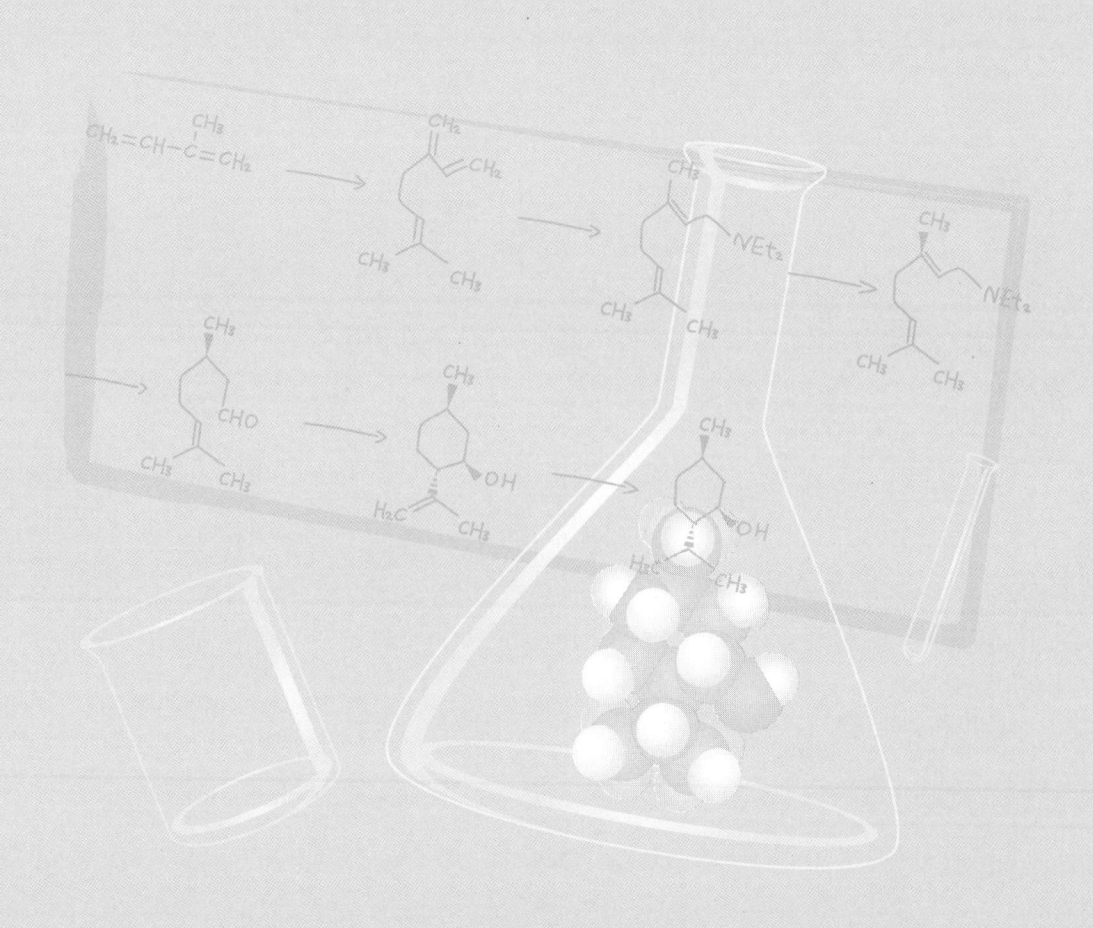

2 結合の切断

有機合成では，原料となる分子の結合をさまざまな反応を用いて切断し，原子の組換えを行い，新しい結合を生成させて，目的とする有機分子をつくり出す．

このように，結合の切断は有機合成の最初のステップとなる．ここでは，有機分子の結合の切断には，どのような方法があるのか見てみよう．

1. ラジカル的切断

A−Bのように結合している2個の原子を引き離して，2個の独立した原子A，Bにすることを"結合の切断"という．結合の切断には，切断によって生じた原子A，Bがどのような状態になっているかにより，いくつかの様式がある．まず，ここでは結合の切断によってラジカルが生成する場合について見てみよう．

ホモリシス

共有結合は2個の結合電子を共有することによってできた結合である．したがって，共有結合する2個の原子の間には2個の結合電子が存在する．

共有結合A−B，すなわちA：Bにおける2個の結合電子が1個ずつに分かれ，各原子に均等に存在する切断の様式を**ホモリシス**（homolysis）あるいは**均一開裂**（homolytic cleavage）という（図2・1）．ホモリシスで

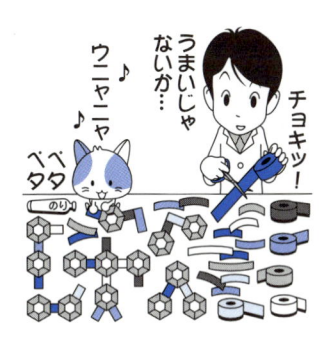

$$A-B \longrightarrow A\cdot + B\cdot$$
$$(A:B) \qquad\qquad ラジカル$$

図2・1 ホモリシス（ラジカル的切断）

20　Ⅱ．有機合成化学の基礎

ラジカルについては1章も参照のこと．

は不対電子をもつ A・と B・，すなわちラジカルが生成する．そのため，このような結合の切断を**ラジカル的切断**ともいう．

電子の動きの表示

化学反応は，結局のところ結合の切断と生成のことであり，これらの過程には電子の動きがともなう．したがって，化学反応を知るには電子の動きを明らかにすることが大切となる．

A─B ⟶ A・ + B・

図2・2　ホモリシスにおける電子の動きの表し方

上記のホモリシスのように電子1個ずつが動く場合には，電子の動きは片羽矢印 ⇀ で表す（図2・2）．

ラジカルの安定性

電子供給基，電子求引基については1章を参照．

ラジカルは電子供給基（アルキル基も含む），電子求引基によって安定化される．たとえば，下記のようにメチルラジカル CH_3・の水素をメチル基で置換した場合，メチル基の数が増えると，ラジカルはより安定化する．図2・3には，ラジカルの安定性の順序を示した．

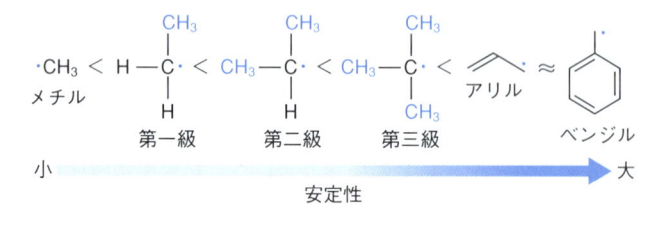

・CH_3 < 第一級 < 第二級 < 第三級 < アリル ≈ ベンジル

小 ← 安定性 → 大

図2・3　ラジカルの安定性の順序

一般にラジカルは不安定で，反応性が高いが，安定化作用のある電子供給基や電子求引基，共役系をつくる置換基を同時にもつラジカルでは，長寿命で反応性が低く，単離可能であるものも知られている．

また，共役系をつくる置換基もラジカルを安定化する．たとえば，図2・3に示したようにアリルラジカルやベンジルラジカルはアルキルラジカルよりも安定である．

ラジカルを生成する反応

ラジカルを利用した有機合成の例については後の章でいくつかふれる．

ラジカルは一般に反応性が高いので，有機合成の出発物として利用されている．ここでは，通常の分子からラジカルを生成する反応についていくつか見てみよう．

アルカンの熱分解によって，たとえばブタンからは切断の箇所の違いによって，エチルラジカル，あるいはプロピルラジカルとメチルラジカルが生成する（図2・4a）．

上記のように熱を用いずにラジカルが生じる反応もある．たとえば，ハロゲン分子は光の照射によってハロゲンラジカルを生成する（図2・4b）．

また，結合が容易に開裂する分子はある程度の加熱で，ラジカルを発生する．その例として，過酸化ベンゾイル（コラム参照）やアゾイソブチルニトリル（AIBN）（図2・4c）などがあり，これらはラジカル反応の開始剤として，有機合成に用いられている．

ポイント！
ラジカルは反応性が高いので有機合成にとっても有用であり，特にポリエチレンなどの高分子（ポリマー）を合成するときの反応開始剤として工業的に利用されている．

(a) CH₃CH₂CH₂CH₃ ブタン → 熱 → 2・CH₃CH₂ エチルラジカル / ・CH₃ + ・CH₃CH₂CH₂ メチルラジカル プロピルラジカル

(b) Cl₂ → 光 → 2 Cl・

(c) アゾイソブチルニトリル（AIBN） → 66〜72 ℃ → (CH₃)₂C(CN)・ + N≡N + ・C(CH₃)₂CN

図2・4　ラジカルの生成

2. イオン的切断

結合 A−B が切断されるとき，2個の結合電子がともに片方の原子だけに移動することがある．このような結合の切断を**ヘテロリシス**（heterolysis）あるいは**不均一開裂**（heterolytic cleavage）という．このとき生成するのが荷電したイオンであるので，**イオン的切断**ともいう．

ポイント！
ヘテロリシス（イオン的切断）は有機反応における最も一般的な結合の切断の仕方である．

イオンの生成

結合 A−B をイオン的に切断すると，結合電子を 2 個もつ A: と結合電子をもたない B が生成する（図 2・5）．最初に A，B はともに結合電子を

ラジカルを用いた高分子の合成

有機反応においてラジカル的切断はイオン的切断よりも一般的ではないが，高分子の合成にはラジカルがよく用いられる．このような合成法を"ラジカル重合"という．そこでは，ラジカルが反応の開始剤として利用され，ドミノ倒しのように連鎖的に反応が起こる．

図 1 は過酸化ベンゾイルを用いたポリスチレンの合成を示したものである．ポリスチレンは家電製品，各種容器などに幅広く使用されている．ポリスチレンに発泡剤を混ぜてつくった発泡スチロールは，食品用トレーや断熱材などとして利用されている．

過酸化ベンゾイル 1 が開始剤として用いられ，ホモリシスによりラジカル 2 が生成する．そして，このラジカル 2 がスチレン 3 と反応して，新たなラジカル 4 が生成し，さらにスチレン 2 と反応して成長したラジカル 5 が生成する．このような反応が連鎖的に起こり，数多くのスチレンが繰返し結合したポリスチレン 6 ができあがる．

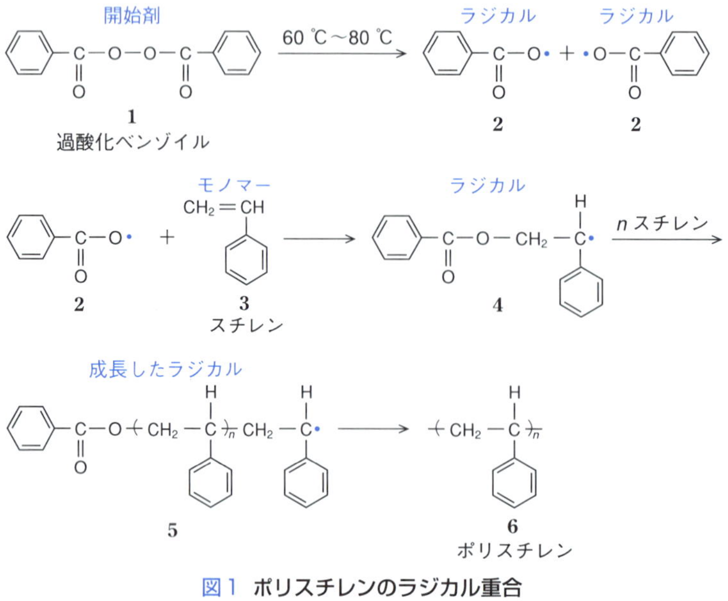

図 1 ポリスチレンのラジカル重合

1個ずつ出しあって結合していたので，結合電子を1個もつ状態が電気的に中性の状態である．

$$A—B \longrightarrow A^- + B^+$$
$$(A:B) \qquad (A: + B)$$
陰イオン　陽イオン
カルボアニオン　カルボカチオン

図2・5　ヘテロリシス（イオン的切断）

したがって，結合電子を2個もつAは1個余計になるので，マイナスに荷電したA$^-$，つまり陰イオン（アニオン）になる．炭素のときは，これを**カルボアニオン**（carbanion）とよぶ．一方，Bは中性状態より電子が1個少ないのでB$^+$，つまりプラスに荷電した陽イオン（カチオン）となる．炭素のときは，これを**カルボカチオン**（carbocation）とよぶ．

電子の動きの表示

化学反応式では，2個の電子（電子対）の動きは両羽根の矢印 ⤴ で表す．したがって，A–Bがイオン的に開裂してアニオンA$^-$とカチオンB$^+$になるときは，図2・6に示したように結合を表す線（電子対）がAに移動するように矢印をつける．

$$A—B \longrightarrow A^- + B^+$$

図2・6　ヘテロリシスの電子の動きの表し方

イオンの安定性

イオン的切断の起こりやすさは結合の強弱にも依存するが，生成するイオンの安定性も大きく影響する．

図2・7(a)に示すように，ヘテロリシス（イオン的切断）する速さは**3＞2＞1**である．これは生成するカルボカチオンの安定性の順（**6＞5＞4**）と同じである．すなわち，カルボカチオンは電子供給基（アルキル基など）によって安定化されるので，ラジカルと同様にメチル基が多く結合しているほど安定である．

一方，カルボアニオンはアルキル基を多くもつほど不安定になる（図2・7b）．これは逆にいえば，電子求引基が多く結合しているほど安定であるといえる．

図2・7 メチル基で置換したカルボカチオン(a)およびカルボアニオン(b)の安定性

電解酸化・電解還元については5章も参照のこと．

イオンラジカル

イオンは反応性に富み，有機合成に欠かせない原料である．イオンは分子に直接電子を与える（アニオン）か，あるいは分子から直接電子を取去って（カチオン），生成することもできる．このようにしてできたイオンは，電子数が奇数で不対電子（ラジカル電子）をもつので**イオンラジカル**（ion radical）とよばれる．

たとえば，シクロオクタテトラエンは分子内に四つの二重結合を含み，8個のπ電子をもっている（図1）．これを電極を用いて酸化すると（電解酸化），電子を1個失ってカチオンとなる．すると，π電子数が7個となり，ラジカルの性質をもつことになる．これをカチオンラジカルという．同様に，シクロオクタテトラエンを電解還元すれば，π電子数9個のアニオンラジカルが生成することになる．

図1 電解酸化・還元によるイオンラジカルの生成

3. 酸化的切断

　酸化・還元反応（oxidation–reduction reaction）は，有機合成において非常に重要な反応である．炭素間の結合の切断に限ってみても，単結合，二重結合とも，酸化反応によって切断することができる．しかし，炭素間の結合が還元反応によって切断されることは一般にはない．ここでは，結合の切断に焦点を当てながら，酸化・還元反応について見ていくことにしよう．

酸化・還元反応

　酸化・還元反応では，酸素，水素，電子が関与する．ここでは，酸素が関与する酸化反応について見てみよう．

　"酸化する"とは相手に酸素を与えることであり，"酸化される"とは相手から酸素をもらう（奪う）ことである（図2・8）．同様に，"還元する"とは相手から酸素を奪うことであり，"還元される"とは相手に酸素を与えることである．

　したがって，"相手を酸化する"ことと，"相手から還元される"ことは同じことであり，"相手から酸化される"ことと，"相手を還元する"ことは同じことである．

ポイント！

酸化・還元の定義はしっかりと頭に入れておこう．

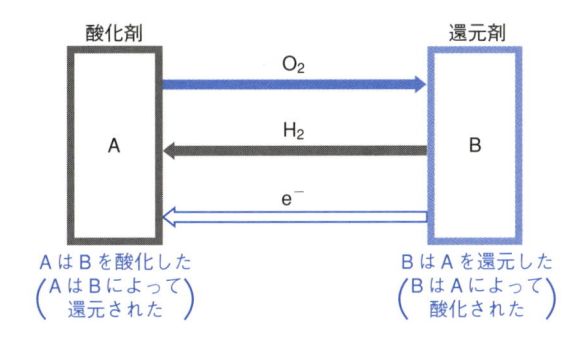

図2・8　酸化剤と還元剤

酸化剤・還元剤

相手を酸化するものを**酸化剤**（oxidizing agent）といい，相手を還元するものを**還元剤**（reducing agent）という（図2・8）．酸化剤は相手を酸化するとき，自分は還元されており，一方，還元剤は相手を還元するとき，自分は酸化されている．

表2・1に示すように有機合成で用いる酸化剤には，酸素，オゾン，過マンガン酸カリウム，有機過酸など多くのものがある．また，還元剤としては，水素，ヒドラジンなど多くの種類がある．

ニャン子ちゃんはニャン太君に酸素をプレゼントした（酸化した）ので酸化剤であり，ニャン太君はニャン子ちゃんから酸素を受取った（還元した）ので，還元剤となる．

表2・1 酸化剤および還元剤

酸化剤	還元剤
酸素 O_2　オゾン O_3　過酸化水素 H_2O_2	水素 H_2　ヒドラジン H_2NNH_2
過マンガン酸カリウム $KMnO_4$	塩酸とスズ HCl/Sn
重クロム酸カリウム $K_2Cr_2O_7$	水素化アルミニウムリチウム $LiAlH_4$
有機過酸　R—C(=O)—O—OH	水素化ホウ素ナトリウム $NaBH_4$

単結合の酸化的切断

酸化剤によって酸化されることによって，単結合が切断される反応を見てみよう．一般に C–C 単結合は反応性に乏しく，切断もされにくい．し

図2・9 単結合の酸化的切断

かし，クメン 1 を空気酸化すると C–C 結合が切断され，フェノール 2 とアセトン 3 になる（図 2・9a）．また，シクロヘキサノン誘導体 4 を過酸で処理すると，カルボニル基の隣の C–C 結合が切断されて，酸素が挿入された 5 が生成する（図 2・9b）．

二重結合の酸化的切断

二重結合が酸化的に切断される例はたくさんある．オゾン O_3，過マンガン酸，有機過酸などによる酸化などである．

そのさい，二重結合についているアルキル基の個数によって生成物が異なる（図 2・10）．すなわち，四置換体 1 の酸化ではケトン 2 を与えるが，二置換体 3 ではアルデヒド 4 を与える．しかし，アルデヒドは酸化されやすいので，多くの場合，さらに酸化されてカルボン酸 5 になる．

無置換体であるエチレン 6 は二酸化炭素と水になる．また，三置換体 7 や 3 とは異なる二置換体 8 では，生成物はそれぞれ 2 や 4 の組合わせとなる．

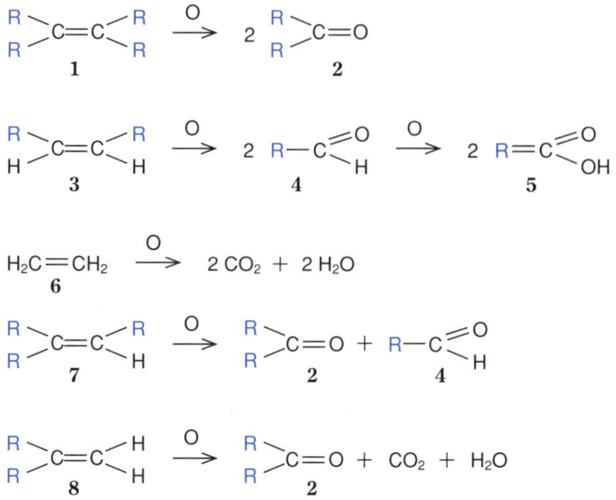

図 2・10　二重結合の切断による酸化生成物

4. 脱離的切断

> **ポイント！**
> 脱離反応によって原子あるいは原子団が除去される．

脱離反応 (elimination reaction) とは，一般に大きな分子から小さな分子がはずれ，そのあとに二重結合が導入される反応である．脱離反応で切断される反応は多くの場合，炭素とそれ以外の原子の間の結合である．

1分子反応と2分子反応

反応にはA→Bのように，Aの1分子で進行する反応がある．このような反応を"1分子反応"という．一方，A＋B→Cのように，AとBの2分子が関与して進行する反応もある．このような反応を"2分子反応"という．

1分子脱離反応

1分子脱離反応（略してE1反応という）は，図2・11に示したように2段階で進行する反応である．各段階での反応速度は違うが，第一段階のほうが速度が遅い．したがって，反応全体の速度はこの第一段階によって支配されるので，これを"律速段階"という．

$$R_2C(X)-CR_2(H) \xrightarrow[\text{律速段階}]{-X^-} R_2C^+-CR_2(H) \xrightarrow{-H^+} R_2C=CR_2$$

図2・11 1分子脱離反応（E1反応）

この脱離反応が1分子脱離反応とよばれるのは，律速段階が1分子反応だからである．それに対して，後述する2分子脱離反応は律速段階が2分子反応となっている．

脱離反応の選択性

E1反応は，まず脱離基Xがアニオンとして脱離してカルボカチオン中間体を与える．ついで，このカルボカチオンから水素イオンH^+が脱離し

て生成物のアルケンを与える．

　生成物にいくつかの可能性がある場合には，二重結合のまわりに最も多くのアルキル基が置換したアルケンが優先的に生成する．すなわち，出発物 1 からは 2 あるいは 3 が生成する可能性があるが，実際に生成するのは 2 のみである（図 2・12）．これは，このようなアルケンが最も安定だからである．これを **ザイツェフ則**（Zaytzev rule）とよぶ．

　このように，生成物としていくつかの可能性があるときに，そのうちの一種だけが優先して生成される場合，この反応は "選択性" があるという．

セイチェフ則（Sayzeff rule）ともいう．

ポイント！
選択性は合成反応において，注意すべき重要な事項である．

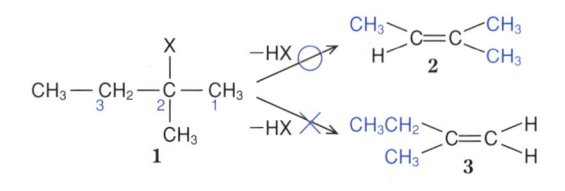

図 2・12　ザイツェフ則

2 分子脱離反応

　2 分子脱離反応（略して **E2 反応**という）は出発物に塩基 B^- が作用して起こる反応である．したがって，出発物と塩基の 2 分子が関与するので 2 分子脱離反応といわれる．この反応の生成物は塩基の立体的な大きさに左右される．

　すなわち，図 2・13 に示すように出発物に 1 を用いた場合，塩基の体積が小さい場合にはザイツェフ側に従った 2 が生成する．しかし，体積の大きい塩基を用いると 3 が生成する．これは，塩基の大きさによって，塩基が攻撃する水素の位置に違いが生じるためである．

　すなわち，出発物 1 において，脱離反応によってはずれる水素は 1 位か 3 位の水素である．塩基が小さければ，どちらの水素をも攻撃できるので，生成物はザイツェフ側に従ってエネルギー的に安定な 2 となる．

　しかし，塩基が大きくなると，置換基による立体障害により 3 位の水素を攻撃できなくなる（図 2・13）．そのため，1 位の水素を攻撃して生成物 3 を与えるのである．このように，置換基の少ない生成物を与えることを

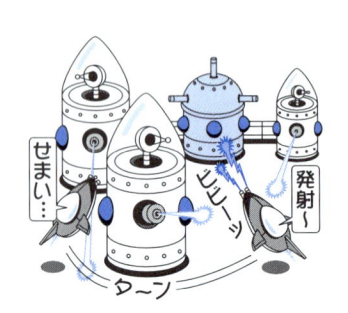

ホフマン則（Hofmann rule）という．

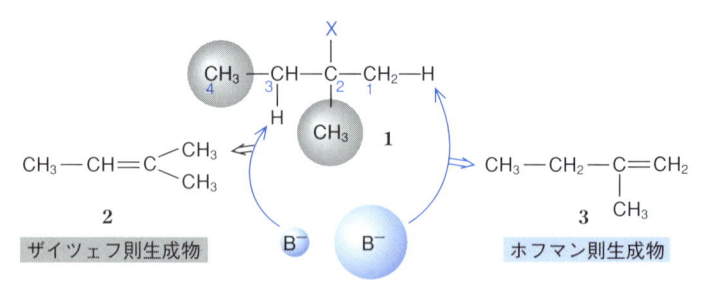

図2・13 2分子脱離反応（E2反応）

5. その他の結合の切断

前節までに見てきた反応のほかにも，結合を切断する有効な反応はいくつか知られている．ここでは，そのおもなものを紹介しよう．

脱炭酸反応

カルボキシ基 –COOH は原子団 CO_2 を含んでいる．そのため，適当な条件のもとで，二酸化炭素 CO_2 を脱離する．これを**脱炭酸反応**（decarboxylation）という．

A. 熱的脱炭酸反応

図2・14(a)に示すようにカルボン酸 1 を加熱すると，カルボキシ基を二酸化炭素として脱離してアルカン 2 を生成する．このとき，カルボン酸を硝酸銀 $AgNO_3$ などで銀塩とし，臭素を共存させると，カルボキシ基の代わりに臭素の入った臭化物 3 が生成する．この反応を**ハンスディーカー反応**（Hunsdiecker reaction）という．

ロシアの著名な作曲家ボロディンは化学者でもあり，この反応を発見したのにちなんでボロディン反応ともよばれている．

B. 電解的脱炭酸反応

図2・14(b)に示すようにカルボン酸をナトリウム塩 4 とし，電解還元するとカルボキシ基が脱炭酸してアルカン 2 を与える．この反応を発見者の名前をとって**コルベ電解**（Kolbe electrolysis）という．

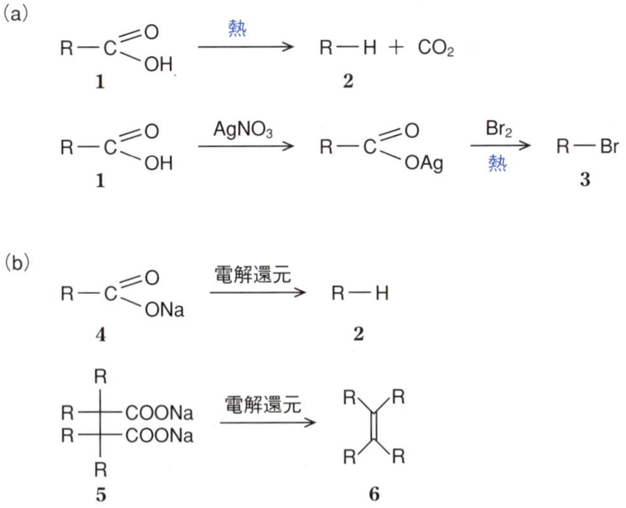

図2・14 **脱炭酸反応**. (a) 熱的脱炭酸反応, (b) 電解的脱炭酸反応

コルベ電解の特色は二重結合の導入に使えることである. すなわち, 1,2-ジカルボン酸 **5** を電解還元すると, 2分子の二酸化炭素が脱離して, 二重結合が導入された **6** が生成する.

キレトロピー反応

環状分子に組込まれた C=O 原子団や SO_2 原子団は, 加熱されることによって脱離することがある. 図2・15のように, 環状分子は開環して鎖状分子となる. このような反応を一般に**キレトロピー反応** (cheletropic reaction) という.

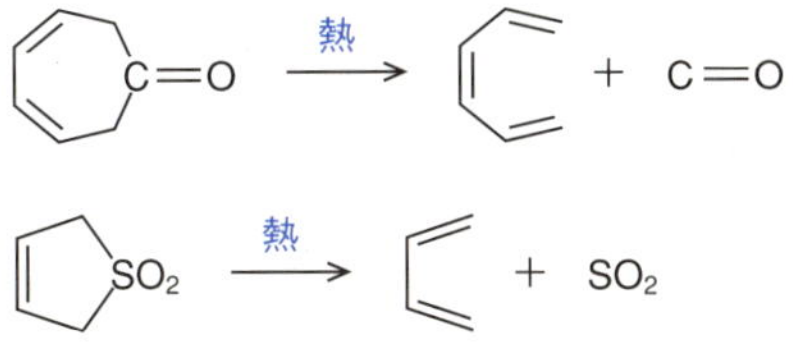

図2・15 **キレトロピー反応**

逆付加環化反応

分子を加熱すると，原子団が脱離し，二重結合が導入されることがある．この反応は次章で見る付加環化反応の逆反応になっていることが多い．

A. 炭素原子団の脱離

逆付加環化反応で脱離する原子団は炭素を含むことが多く，したがってC−C結合の切断につながる．図2・16(a) には二つほど反応例を示したが，反応2は**逆ディールス-アルダー反応**（retro Diels-Alder reaction）とよばれるものであり，次章で見るディールス-アルダー反応の逆反応である．

> レトロディールス-アルダー反応ともいう．

B. 炭素原子団以外の脱離

Aと同様の反応であるが，酸素が脱離する例である．図2・16(b) に示すペンタセン誘導体**1**は，各種の機能性有機分子を合成するさいの原料として有用なものである．しかし，溶解性が悪いため，合成反応では使いにくい．そこで，ペンタセンに光照射下，酸素を付加環化して溶解性を高めた**2**を生成させ，そのうえで反応を行うことが考えられる．反応後に加熱して酸素を脱離させれば，元のペンタセン骨格に戻すことができる．

> **ポイント！**
> 以下のように，結合の切断は有機合成の第一ステップである．

図2・16 逆付加環化反応

3 結合の生成と変換

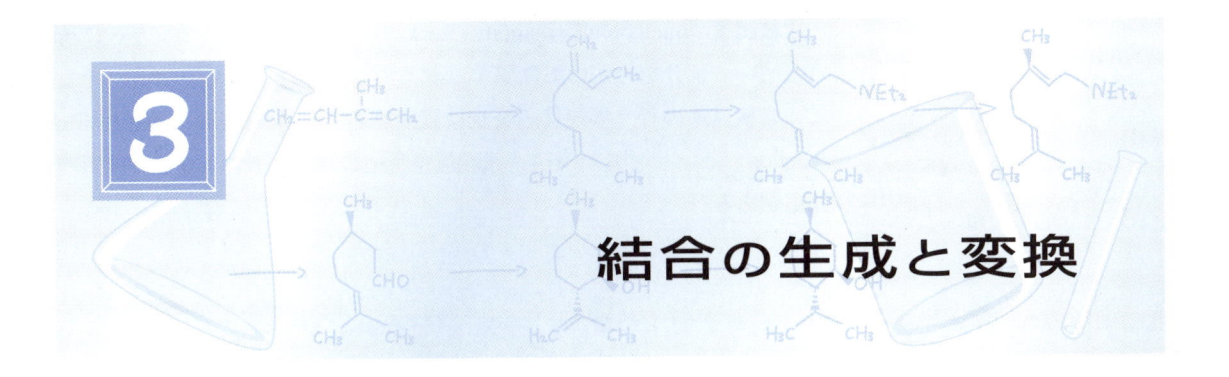

有機合成では，結合の切断と生成を繰返すことで，目的の有機分子を手に入れることができる．有機合成にとって，"新しい結合の生成"は最も大切な技術の一つであり，これらの方法には置換反応と付加反応がある．炭素の単結合を切断して，新しい単結合を生成させるには置換反応を用い，二重結合を切断して，新しい単結合を生成させるには付加反応を用いればよい．

また，単結合を不飽和結合に変換し，反対に不飽和結合を単結合に変換する技術も重要となる．

> **ポイント！**
> 新しい単結合を生成させる方法には，置換反応と付加反応がある．

1. 求核置換反応

分子中の結合を切断して，新しい結合を生成させ，官能基などを導入する反応を**置換反応**（substitution reaction）という．置換反応には大きく分けて，求核置換反応と求電子置換反応がある．

求電子置換反応については次節でふれる．

求核置換反応

二つの分子の間で反応が起こる場合，攻撃する分子を"試薬"，攻撃される分子を"基質"という．

有機化学では，炭素部分とそれ以外の部分が反応する場合，炭素部分を基質，炭素以外のものを試薬という．しかし，両方とも炭素部分の場合には，一般に反応性の高いほうを試薬という．

34   Ⅱ. 有機合成化学の基礎

求核の"核"は原子核の意味であり，原子核がプラスに荷電していることから名づけられた．

求核試薬は中性あるいはマイナスに荷電しており，プラスの電荷をめがけて攻撃する．例として，NH_3，H_2O，OH^-，Br^-などがある．

求核試薬（nucleophilic reagent）とは，基質（標的分子）のプラスに荷電している部分をめがけて攻撃する試薬のことをいう（図3・1a）．そして，求核試薬の行う置換反応を**求核置換反応**（nucleophilic substitution reaction）という（図3・1b）．求核置換反応には，以下のような2種類の反応がある．

(a)

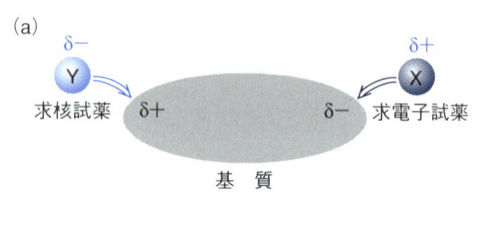

$\delta-$ Y → $\delta+$　　　　　$\delta-$ ← X $\delta+$
求核試薬　　　　　　　　　　　　　　　求電子試薬

基　質

(b) R—X + Y ⟶ R—Y + X
　　　　　求核試薬

図3・1　求核・求電子試薬（a）および求核置換反応（b）

1分子求核置換反応

ポイント！
S_N1反応は段階的に反応が進行する．

1分子求核置換反応（S_N1反応ともいう）の反応機構は図3・2に示したとおりである．すなわち，出発物 **1** から置換基がアニオンX^-として脱離し，カチオン中間体 **2** が生成し，これに求核試薬Y^-が攻撃して生成物 **3** を与える．

ここで **2** の構造が問題となる．一般に，カルボカチオンはsp^2混成状態をとったほうが安定である．そのため，**2** も同様であり，平面形の構造をとる．

したがって，求核試薬Y^-は **2** の分子面のどちら側からでも攻撃できることになる．これは有機合成において，非常に大きな意味をもつ（コラム参照）．すなわち，エナンチオマーの片方，つまり光学活性な分子 **1** を用いて反応を行うと，生成物は **3a** と **3b** の1：1混合物になる．すなわち，生成物はラセミ体となるので，光学活性を失う．

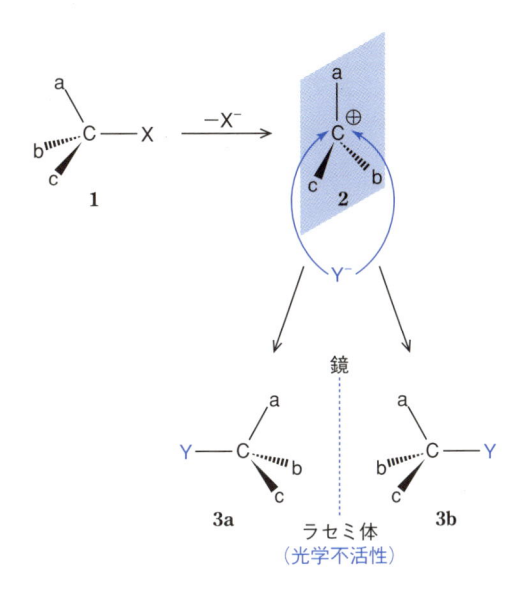

図 3・2　1 分子求核置換反応
　　　　（S_N1 反応）

ラセミ体
（光学不活性）

エナンチオマーとその性質

　有機化学の世界では，右手と左手のような鏡像関係にある分子が存在し，これらは決して重ねあわせることができない．このように，立体配置の異なる鏡像関係にある一組の異性体を**エナンチオマー**（enantiomer）あるいは**鏡像異性体**という．図 3・2 の分子 **3a** と **3b** は互いにエナンチオマーとなっている．

　一組のエナンチオマーでは，物理的・化学的性質は同じであるが，光学的性質や生理作用が異なる．エナンチオマーは旋光という現象を引き起こすために，光学活性な分子となる．そして，一組のエナンチオマーは，互いに反対の旋光性をもつ．このため，S_N1 反応におけるように 1：1 のエナンチオマー混合物が生成した場合には，光学活性を失うことになる．このような一組のエナンチオマーを**ラセミ体**（racemic modification）という．

　また，一方のエナンチオマーは薬としての作用があり，もう一方は薬としての作用がないというように，生理作用が異なる．このため S_N2 反応のように，薬として有効なエナンチオマーのみを選択的に合成できると有用である．このような合成法を"不斉合成"という（9 章参照）．現代の有機化学において，不斉合成は最も精力的に研究開発が行われている分野の一つである．

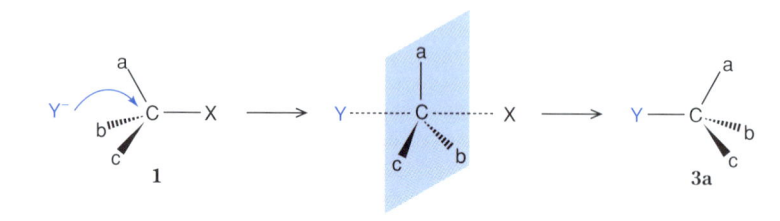

2分子求核置換反応

2分子求核置換反応（S$_N$2反応ともいう）の反応機構は，S$_N$1反応とはまったく異なる（図3・3）．すなわち，求核試薬Y$^-$が出発物**1**を直接攻撃する．

S$_N$2反応は1段階で進行し，不斉炭素の立体配置が反転する．

不斉炭素とは，すべて異なる種類の4個の原子（原子団）がついている炭素のことをいう．

図3・3 2分子求核置換反応（S$_N$2反応）

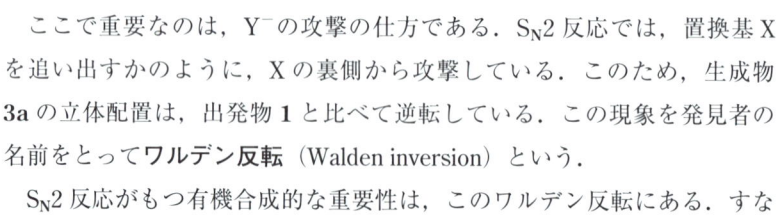

ここで重要なのは，Y$^-$の攻撃の仕方である．S$_N$2反応では，置換基Xを追い出すかのように，Xの裏側から攻撃している．このため，生成物**3a**の立体配置は，出発物**1**と比べて逆転している．この現象を発見者の名前をとって**ワルデン反転**（Walden inversion）という．

S$_N$2反応がもつ有機合成的な重要性は，このワルデン反転にある．すなわち，光学活性な分子**1**を用いて反応すると，一組のエナンチオマー**3a**と**3b**のうち，片方の**3a**しか生成しないのである．すなわち，ここでの生成物は光学活性をもつ．このような反応は，エナンチオマーのうち，片方だけを優先してつくりたいという場合に非常に重要なこととなる．

2. 求電子置換反応

求電子試薬（electrophilic reagent）は基質（標的分子）のマイナスに荷電した部分を攻撃する試薬である（図3・1a参照）．これを用いた置換反応を**求電子置換反応**（electrophilic substitution reaction，**SE反応**）という．

求電子試薬は中性あるいはプラスに荷電しており，マイナスの電荷をめがけて攻撃する．例として，酸，ハロゲン化アルキル，カルボニル化合物などがある．

求電子置換反応

求電子置換反応では，基質**1**から置換基YがカチオンY$^+$として脱離し，アニオン中間体**2**が生成する（図3・4）．その後，**2**のアニオン中心炭素

3．結合の生成と変換　37

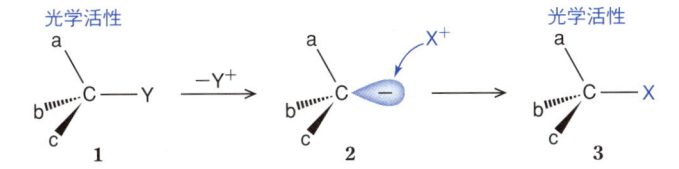

図3・4　求電子置換反応（SE 反応）

に求電子試薬 X⁺ が反応すると，生成物 3 が生じる．2 のアニオン中心炭素は sp³ 混成のままなので，X⁻ は Y の結合していた側と同じほうに結合することになる．このため，求電子置換反応では，基質 1 の立体配置が保たれる．

ベンゼン誘導体の置換反応

　有機合成において，求電子置換反応のおもなものは芳香族化合物を対象とした反応になる．ここでは，典型的な例であるベンゼン 1 の求電子置換反応を見てみよう．ベンゼンは環全体が共役二重結合で構成され，π 電子雲で覆われているので，求電子試薬の攻撃を受けやすい．

　図3・5に示すようにベンゼンを求電子試薬 X⁺ が攻撃すると，同一炭素に水素と X が結合したカチオン中間体 2 が生成する．その後，2 から水素イオン H⁺ が脱離すると生成物 3 となる．3 では最初の基質であるベンゼンの水素 H が X に置き換わっているので，この反応は置換反応である．

ポイント！

ベンゼンは π 電子をもつので，求電子試薬の攻撃によって置換反応を受ける．

図3・5　ベンゼンの求電子置換反応

ハロゲン化アルキルを用いて,ベンゼンからトルエンを合成する反応を見てみよう(図3・6).塩化メチル CH_3Cl と塩化アルミニウム $AlCl_3$ を反応させると,メチルカチオン CH_3^+ が生成する.ここで,$AlCl_3$ にはハロゲン化アルキルのイオン化を助ける働きがある.そして,CH_3^+ が求電子試薬となり,ベンゼンを攻撃するとカチオン中間体 **4** が生成し,これから H^+ がはずれてトルエン **5** が生成する.このように,ハロゲン化アルキルを用いて,ベンゼンに炭化水素基を導入する反応を**フリーデル–クラフツアルキル化**(Friedel–Crafts alkylation)という.

$$CH_3Cl + AlCl_3 \longrightarrow CH_3^+ + AlCl_4^-$$

図3・6 トルエンの合成

配 向 性

ベンゼンに求電子置換反応で置換基を導入する場合,問題になるのは置換基の導入位置である.すなわち,置換基をもつベンゼン誘導体に新たな置換基 X を導入する場合,位置としてオルト,メタ,パラの3種類がありうる.この場合,実際にどの位置に置換が起こるかは,置換基の種類によって決まる(表3・1).

表3・1 置換基の配向性

オルト・パラ配向性	メタ配向性
Cl, Br, CH_3, Ph	COOR, COR, NO_2, CN

ハロゲン元素やメチル基など,オルト・パラ配向性置換基が結合したベンゼンでは,置換反応はオルト・パラ位に起こる(図3・7a).それに対して,カルボキシ基,ニトロ基など,メタ配向性置換基をもつベンゼンでは,メタ位に置換が起こる(図3・7b).

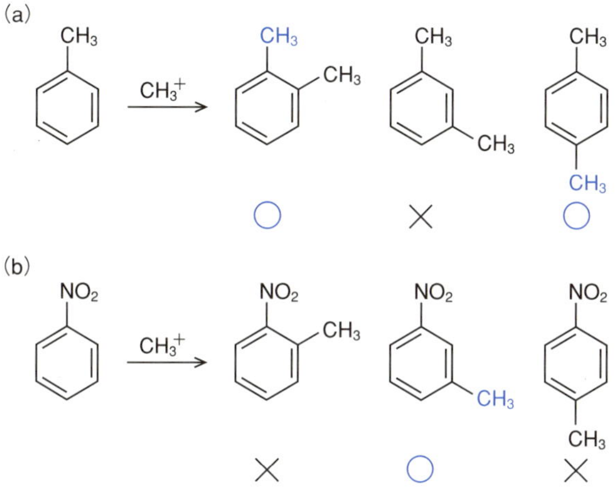

図3・7 オルト・パラ配向性（a）およびメタ配向性（b）

ヘテロ芳香族の求電子置換反応

　求電子置換反応はベンゼン誘導体だけでなく，ヘテロ原子を環に含んだヘテロ芳香族化合物でも進行する．フランの反応を例にとって，反応機構を示した（図3・8）．フランやピロール，チオフェンなどの五員環のヘテロ芳香族では，置換は3位の炭素上に起こることが知られている．

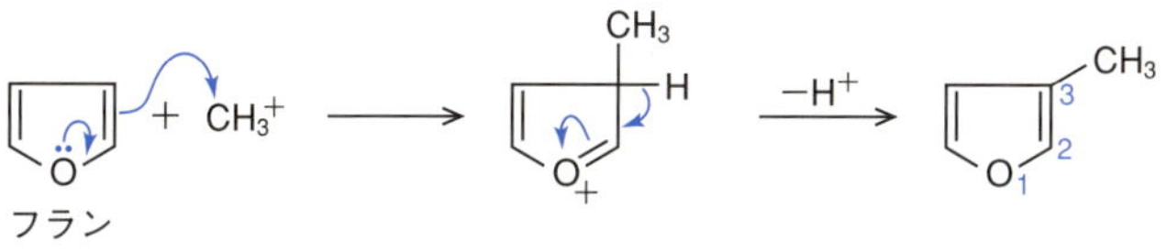

図3・8 フランの求電子置換反応

3. 求電子付加反応

　付加反応（addition reaction）は二重結合などの不飽和結合を形成する炭素に試薬が結合することによって，新しい結合を形成する．
　付加反応にはいくつかの種類があるが，接触水素化反応，求電子付加反応，求核付加反応，付加環化反応に大きく分けることができる．

接触水素化反応

接触還元（catalytic reaction）ともいう．

接触水素化反応（catalytic hydrogenation）は，パラジウムや白金などの金属触媒の存在下，不飽和結合に水素を付加させるものである．図3・9にアルキンの三重結合に対する接触水素化を示した．図からわかるとおり，付加する水素は二重結合の同じ側に付加し，シス形を生成する．このように，接触水素化は**シス付加**（cis addition）で進行する．基質に二重結合を用いた場合にも，水素は分子面の同じ側に付加する．

シス付加をシン（syn）付加ともいう．

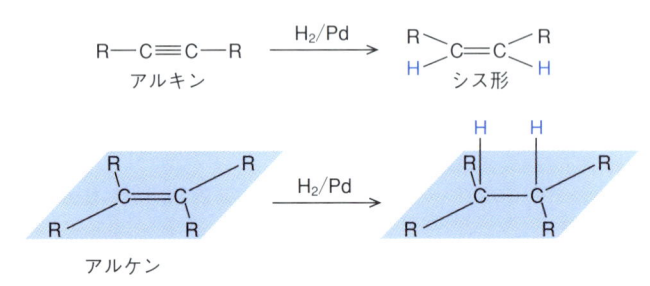

図3・9 接触水素化反応

求電子付加反応

求電子試薬の攻撃によって開始される付加反応を**求電子付加反応**（electrophilic addition reaction）という．アルケンの二重結合は求電子試薬の攻撃を受けると，π結合が消失し，二つの新しい置換基（原子）が導入される．

A. 臭素付加

臭素付加の最大の特色は，接触水素化と反対に，トランス付加であることにある．すなわち，アルケンに臭素を付加させると，一つの原子は分子面の上から付加し，もう一つの原子は分子面の下側から攻撃する．これを**トランス付加**（trans addition）という．

トランス付加はアンチ（anti）付加ともいう．

このように反応がトランス付加で進行するのは，反応機構のためである．臭素付加反応は，臭素分子が臭素カチオン Br^+ と臭素アニオン（臭化物イオン）Br^- に分解することから始まる（図3・10）．二重結合に最初に攻撃するのは Br^+ であり，そのため，この反応は"求電子付加"とよばれる．

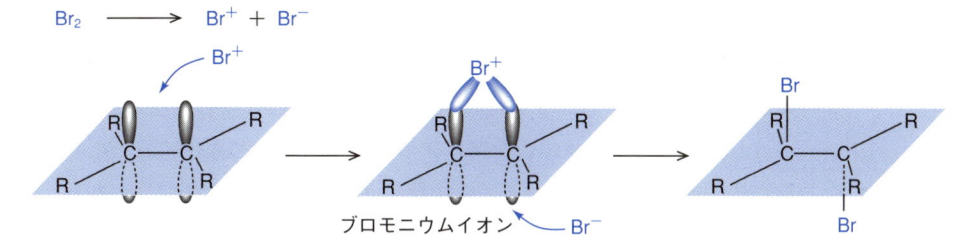

図3・10 アルケンへの臭素付加反応

この結果，二重結合と Br^+ は付加してブロモニウムイオンという，分子面の片側が完全に臭素に覆われた環状イオン中間体を生成する．

さらに，このブロモニウムイオンを Br^- が攻撃して最終生成物を与えるためには，Br^- は分子面の空いた側，すなわち Br^+ の存在しない側から攻撃せざるをえない．そのため，Br^+ と Br^- は互いに反対側から攻撃するのでトランス付加となるのである．

B．臭化水素付加

臭化水素 HBr 付加では，生成物の選択性が問題となる．すなわち，非対称に置換基がついたアルケン **1** に付加が進行した場合，生成物には **2** と **3** の可能性がある．ところが，生成物は **2** に限られるのである．この

図3・11 アルケンへの臭化水素付加反応

原因は，以下のような反応機構にある（図3・11）．

反応は，まず水素イオンH⁺が付加してカチオン中間体を生成し，つぎにこのカチオン中間体と臭化物イオンBr⁻が反応して最終生成物を与える．したがって，二重結合を構成する2個の炭素のどちらにH⁺が付加するかによって，2種類のカチオン中間体 **4**, **5** が生成する可能性がある．

アルキル基は電子供与性であり，電子不足のカチオン中心炭素にはできるだけ多くのアルキル基が結合していたほうが安定である．したがって，カチオン中間体 **4** のほうが優先的に生成する．**4** に臭化物イオンが付加すれば，生成物は **2** となる．

以上のようにアルケンに対するハロゲン化水素HXの付加反応では，より多くのアルキル基をもつ炭素にハロゲン原子Xが結合する．これを**マルコウニコフ則**（Markovnikov rule）という．

過酸化物ROORが存在すると，反応はカチオン中間体ではなくラジカル中間体を経て進行するために，Xはより少ないアルキル基をもつ炭素に結合する（逆マルコウニコフ則）．

C．水，アルコール，アミンの付加

水 H_2O，アルコール ROH，アミン RNH_2 なども臭化水素と同様の求電子付加反応を行う．たとえば，アルケンに対する水の付加反応では強酸または酢酸水銀 CH_3COOHg を必要とし，生成物はマルコウニコフ則に従う．つまり，OHはアルキル基の多い炭素に結合する．

4. 求 核 付 加 反 応

炭素以外の原子が構成する二重結合 C=X（X=O, N）に対する付加反応は求核的に進行する．これを**求核付加反応**（nucleophilic addition reaction）という．ここではカルボニル基の反応について見てみよう．

カルボニル基の性質

求核付加反応は，マイナスに荷電した求核試薬がプラスに荷電した基質を攻撃するものである．二重結合を構成し，かつプラスに荷電した炭素の典型的な例はカルボニル基の炭素である．まず，カルボニル基の性質を見ておこう．

A．カルボニル炭素のカチオン性

　カルボニル基を構成する原子である炭素と酸素の電気陰性度を比較すると，炭素は 2.5，酸素は 3.5 であり，酸素のほうが大きい．そのため，炭素-酸素間の結合電子雲は酸素のほうに偏って存在する．その結果，酸素は電子過剰になってマイナスに荷電し，反対に炭素は電子不足になってプラスに荷電する（図 3・12a）．

図 3・12　カルボニル炭素のカチオン性（a）および α 炭素の求核性（b）

B．α 炭素の求核性

　カルボニル基の隣の炭素を **α 炭素** という（図 3・12b）．前項で見たように，カルボニル基の酸素が結合電子を引きつけるために，カルボニル基の炭素はプラスに荷電する．その結果，α 炭素の結合電子雲はカルボニル炭素に引きつけられ，α 炭素と水素の間の結合電子雲は希薄になる．

　これは，α 炭素に結合した水素原子は水素イオン H^+ としてはずれやすいことを意味する．水素が H^+ としてはずれれば，残った炭素はマイナスに荷電する．すなわち，カルボニル基に対して α 位にある炭素はマイナスに荷電し，求核性をもつのである．

カルボニル基の求核付加反応

　前項で見たカルボニル基のもつ性質により，カルボニル基をもつ分子は，二つの反応性をもつことになる．すなわち，プラスに荷電したカルボニル炭素は"求核攻撃を受けやすく"，α 炭素は"求核攻撃を行いやすい"というものである．

ポイント！

C=O 基の炭素は求核試薬の攻撃を受け，α 炭素は求核試薬として作用する．

A．求核試薬の反応

　カルボニル炭素は求核攻撃を受ける．おもな反応には，つぎのようなも

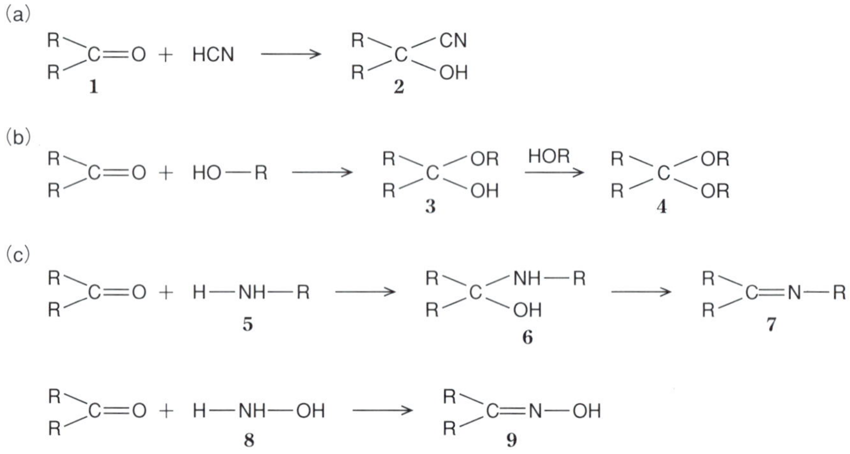

44   II. 有機合成化学の基礎

(a)
$$R_2C=O + HCN \longrightarrow R_2C(CN)(OH)$$
　　1　　　　　　　　　　2

(b)
$$R_2C=O + HO-R \longrightarrow R_2C(OR)(OH) \xrightarrow{HOR} R_2C(OR)_2$$
　　　　　　　　　　　　　　3　　　　　　　　　4

(c)
$$R_2C=O + H-NH-R \longrightarrow R_2C(NHR)(OH) \longrightarrow R_2C=N-R$$
　　　　　　　　5　　　　　　　　6　　　　　　　　　　7

$$R_2C=O + H-NH-OH \longrightarrow R_2C=N-OH$$
　　　　　　　8　　　　　　　　9

図 3・13　ケトンの求核付加反応

のがある（図 3・13）．

（a）ケトン **1** にシアン化水素 HCN を反応させると，シアノヒドリン **2** が生成する．これは新しい C–C 結合の生成であり，炭素鎖の伸長に使える反応である．

（b）**1** にアルコールを反応させると，ヘミアセタール **3** が生成する．ヘミアセタールはさらにアルコールと求核置換反応を行い，アセタール **4** となる．アセタールは酸と処理すると容易に元の **1** に戻ることから，合成反応においてカルボニル基の保護基として用いられる（7 章参照）．

（c）**1** にアミン **5** を反応させると，付加物 **6** が生成する．**6** は脱水反応を経由して二重結合を導入し，イミン **7** となる．アミンの代わりにヒドロキシルアミン **8** を用いると，同様の反応が進行してオキシム **9** が生成する．

B．アルドール縮合

α炭素上に水素をもつアルデヒド（カルボニル化合物）**10** が 2 分子反応してヒドロキシカルボニル化合物が生成する反応を**アルドール縮合**（aldol condensation）という（図 3・14）．すなわち，塩基触媒によってマイナスに荷電したα炭素がカルボニル炭素を攻撃することで，アニオン中

C=O 基をもつケトン $R_2C=O$ とアルデヒド $RHC=O$ では，アルデヒドのほうが反応性が高い．アルデヒドのほうがアルキル基の数が少ないので，① 立体障害が小さいために，求核試薬の攻撃を受けやすく，② アルキル基の電子供給性が小さいために，より求電子的（δ+）になっているためである．

異なる種類のカルボニル化合物間の反応は交差アルドール縮合という（8 章参照）．

アルドールのアルドはアルデヒド，オールはアルコールに由来する．

3. 結合の生成と変換　45

図3・14　アルドール縮合

間体 11 を与え，その後，プロトン化されて β-ヒドロキシケトン（アルドールともいう）12 を生成する．この反応は炭素骨格を構築するのに用いることのできる反応である（6章参照）．

5. 付加環化反応

付加環化反応（cycloaddition reaction）は不飽和結合をもつ二つの分子が互いに結合して，環状の生成物を得る反応である．環状分子の合成に有用であるばかりでなく，環状分子を開環させることによって長い炭素骨格の合成にも使われる有用な反応である．

[4＋2] 付加環化反応

2個の二重結合からなる共役ジエン **1** と，1個の二重結合からなるアルケン **2** が反応すると，環状分子 **3** が生成する（図3・15）．この反応は，**1** が 4π 電子系，**2** が 2π 電子系であることから **[4＋2]付加環化反応**，あるいは発見者の名前をとって**ディールス-アルダー反応**（Diels-Alder reaction）とよぶ．この反応は一般に熱によって進行し，光によっては進行しない．

ポイント！
ディールス-アルダー反応は付加環化反応の代表的なものであり，いろいろな立体化学がかかわる反応である．

A．炭素骨格の反応

共役ジエン **1** とアルケン **2** を反応するとシクロヘキセン **3** が生成する（図3・15a）．この反応は六員環を合成するのに有効で簡便な方法である．また，ディールス-アルダー反応は，出発物のアルケンの立体配置が生

ディールス-アルダー反応では，単結合に関してシス配座をもつ共役ジエンでないと反応は進行しない．

46　Ⅱ．有機合成化学の基礎

立体特異的反応とは，出発物の立体化学により生成物の立体化学が決まる反応のことをいう．

成物においても保持される"立体特異的反応"である．つまり，シス形のアルケンからはシス形の生成物が，トランス形のアルケンからはトランス形の生成物が得られる．

また，4π電子系にシクロペンタジエン **4**，2π系に無水マレイン酸 **5** を用いると環状付加物 **6** が生成する（図3・15b）．

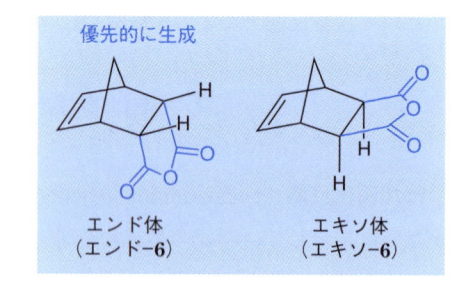

図3・15　ディールス-アルダー反応の例（[4+2] 付加環化反応）

ここで，**6** には立体配置の異なる2種類の異性体であるエンド体（エンド-**6**）とエキソ体（エキソ-**6**）があり，ディールス-アルダー反応ではエンド-**6** が優先的に生成する"立体選択的反応"となっている．

立体選択的反応とは，生成物として複数の立体異性体ができる場合に，そのなかの特定の立体異性体が優先的にできる反応のことをいう．

ディールス-アルダー反応の生成物 **3** を，付加環化反応の温度より高くして加熱すると，逆の反応が進行して出発物 **1** と **2** が生成する．この反応を逆ディールス-アルダー反応という．

B．炭素骨格以外の反応

ディールス-アルダー反応は炭素骨格以外でも進行する（図3・16）．4π系の **7** あるいは 2π系の **8** にカルボニル化合物を用いれば，それぞれ環状エーテル **9**，**10** が生成する．

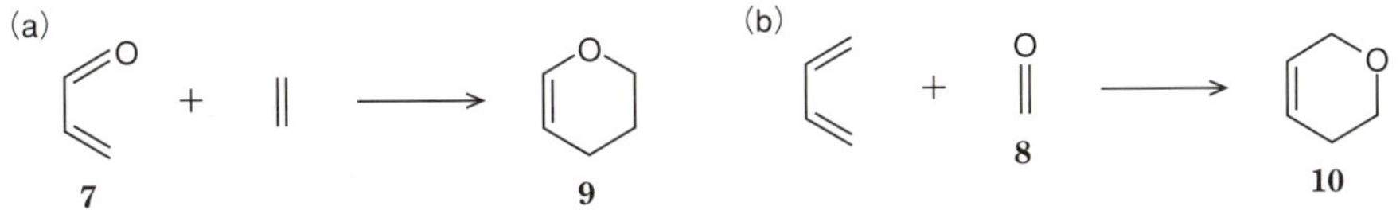

図3・16　酸素を含む不飽和化合物のディールス-アルダー反応

[2＋2] 付加環化反応

熱では進行しないが，光反応を用いると，2π系と2π系の間でも反応を起こすことができる．これを**[2＋2]付加環化反応**という（図3・17）．この反応系における生成物は四員環である．2分子のケトン**1**の間で反応が起きると，オキセタン**2**が生成する．また，ベンゼンがアルキンと光反応を起こすと付加物**3**となるが，**3**はただちに開環反応を起こして八員環分子**4**となる．

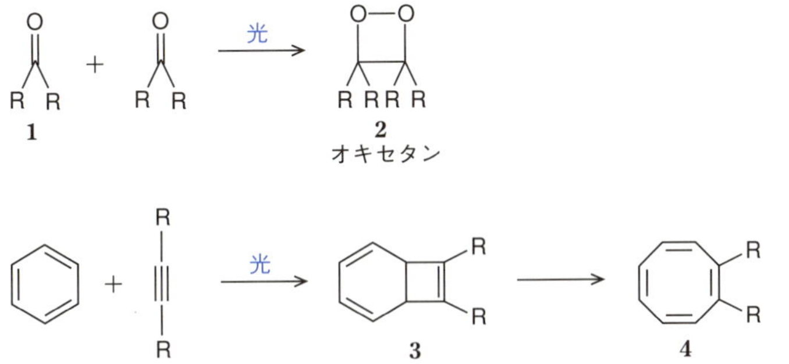

熱的な [2＋2] 反応は起こりにくいが，絶対不可能というわけではない．

図3・17　[2＋2]付加環化反応

カルベンによる付加環化反応

不安定中間体であるカルベン**1**は，二重結合をもつ分子**2**に付加して三員環**3**を与えることから，三員環の合成に便利な試薬である（図3・18）．

カルベンには2個の結合しない電子があり，その電子が対をつくって同じ軌道に入っている一重項カルベン**1S**と，対をつくらずに異なった2個の軌道に入っている三重項カルベン**1T**があり，それぞれ反応性が異なる．

すなわち，**1S** は立体特異的な付加反応を起こし，シス形の **2** からはシス形の **3** を与え，トランス形の **2** からはトランス形の **3** が生じる（図 3・18a）．一方，**1T** には立体特異性はなく，シス形，トランス形の **2** のどちらと反応しても，立体的に安定であるトランス形の **3** を主生成物として与える（図 3・18b）．

図 3・18　カルベンによる付加環化反応

6. 不飽和結合の導入と変換

> **ポイント！**
> 不飽和結合の導入と変換も有機合成にとって重要であるので，これらの方法を覚えておこう．

単結合を不飽和結合に変換したり，反対に不飽和結合を単結合に変換するのは，有機合成にとって大切な技術である．ここでは，このような結合の変換について見てみよう．

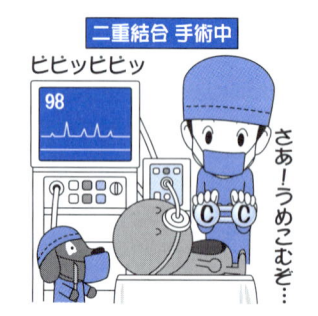

二重結合の導入

有機分子に見られる二重結合のおもなものは C=C，C=O，C=N である．ここでは，それぞれの導入法について見てみよう．

A. C=C 結合の導入

C=C 結合の導入に欠かすことのできない反応がある．それは発見者の名前をとって**ウィッティッヒ反応**（Wittig reaction）とよばれるものであ

り，カルボニル基 C=O を C=C に変換する．反応は図 3・19 に示したように，ケトンにウィッティッヒ試薬を反応させると，C=C 結合に変換する．

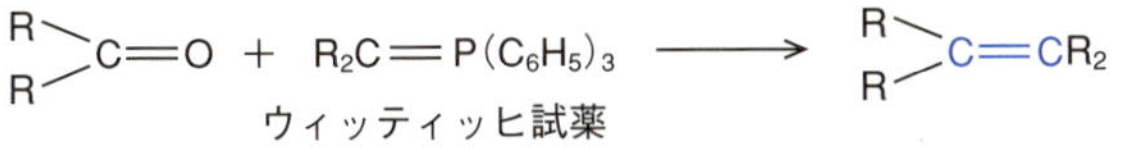

$$R_2C=O + R_2C=P(C_6H_5)_3 \longrightarrow R_2C=CR_2$$
ウィッティッヒ試薬

図 3・19　C=C 結合の導入（ウィッティッヒ反応）

単結合を二重結合に変換するには，脱離反応を用いる．すなわち，2 章で見たように，アルコールやハロゲン化物から水やハロゲン化水素が脱離すれば，二重結合が生成する．

ウィッティッヒ反応については 8 章も参照のこと．

B．C=O 結合の導入

C=O 二重結合を導入するには酸化反応を用いるのが簡便である（図 3・20a）．すなわち，第一級アルコールを酸化すれば，アルデヒドとなって C=O 結合が導入される．さらに酸化すると，カルボン酸になる．同様に第二級アルコールを酸化すれば，ケトンとなって C=O 結合が導入される（図 3・20b）．

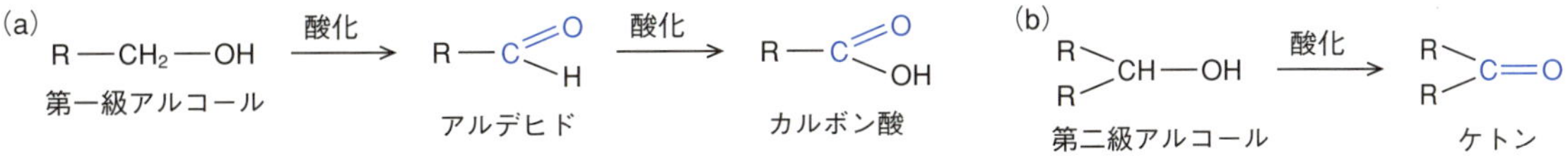

(a) $R-CH_2-OH$ 第一級アルコール $\xrightarrow{酸化}$ $R-CHO$ アルデヒド $\xrightarrow{酸化}$ $R-COOH$ カルボン酸

(b) R_2CH-OH 第二級アルコール $\xrightarrow{酸化}$ $R_2C=O$ ケトン

図 3・20　C=O 結合の導入

炭素骨格の長さは短くなるが，二重結合を酸化することによっても C=O 結合を導入することができる（図 2・10 参照）．すなわち，二重結合を適当な酸化剤を用いて酸化的に切断すると，二重結合に置換したアルキル基の個数に応じてアルデヒドあるいはケトンとなって，C=O 結合が導入される．

C．C=N 結合の導入

C=N 結合の導入は付加反応によるものが一般的である．すなわち，本

50　II．有機合成化学の基礎

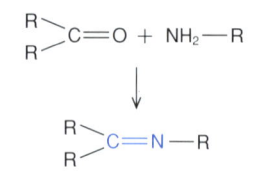

図3・21　C=N結合の導入

章の「4．求核付加反応」で見たように，カルボニル基にアミンやヒドロキシルアミンを反応させると，C=N二重結合が導入される（図3・21）．

二重結合から単結合への変換

不飽和結合を単結合に変換するのは有機合成にとって大切な反応であり，いくつかの手段が開発されている．

A．C=C結合の変換

二重結合を単結合に変換するには付加反応を用いればよい．最も直接的な方法として接触水素化反応がある（図3・22a）．すなわち，パラジウムなど適当な触媒の存在下で水素ガスを反応させるのである．

このほかに，水，臭素，臭化水素などを付加させても単結合になる（図3・22b,c）．また，四酸化オスミウム OsO_4 などを用いて酸化すると，1,2-ジオールになり単結合となる（図3・22d）．

OsO₄ を用いた酸化反応については8章を参照．

図3・22　C=C結合の変換．(a) 接触水素化，(b) 臭素付加，(c) 臭化水素付加，(d) OsO₄ による酸化

B．C=X結合の変換

C=O結合，C=N結合も接触水素化（接触還元）によって単結合にすることができる（図3・23a）．そのほか，本章で見たように求核付加反応によっても単結合に変換することができる（図3・23b）．また，水素化アルミニウムリチウム $LiAlH_4$ などの金属試薬を用いて還元しても単結合にできる（図3・23c）．

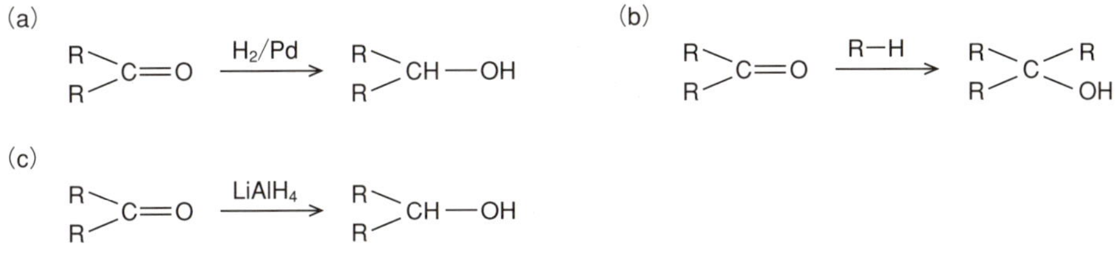

3. 結合の生成と変換　51

(a), (b), (c) 図3・23　C=O 結合の変換

三重結合の導入と変換

　三重結合を導入するには，二重結合を出発物とする．すなわち，二重結合に臭素を付加して1,2-二臭化物とし，そこから2分子の臭化水素を脱離させる（図3・24a）．

　三重結合に，前項で見たものと同様の付加反応を行えば，二重結合に変換することができる（図3・24b）.

ただし，三重結合に水を付加すると，二重結合にヒドロキシ基のついたビニルアルコールが生じる．しかし，この生成物はエノール形であり，不安定なのでただちにケト形のカルボニル化合物になるので注意が必要である（図8・1参照）．

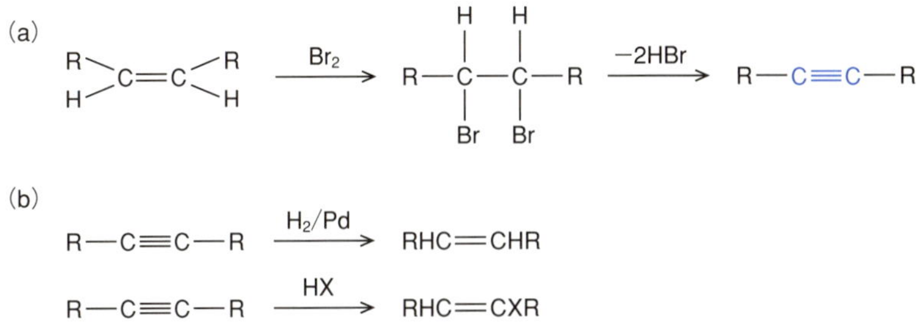

図3・24　三重結合の導入と変換

4 官能基の導入

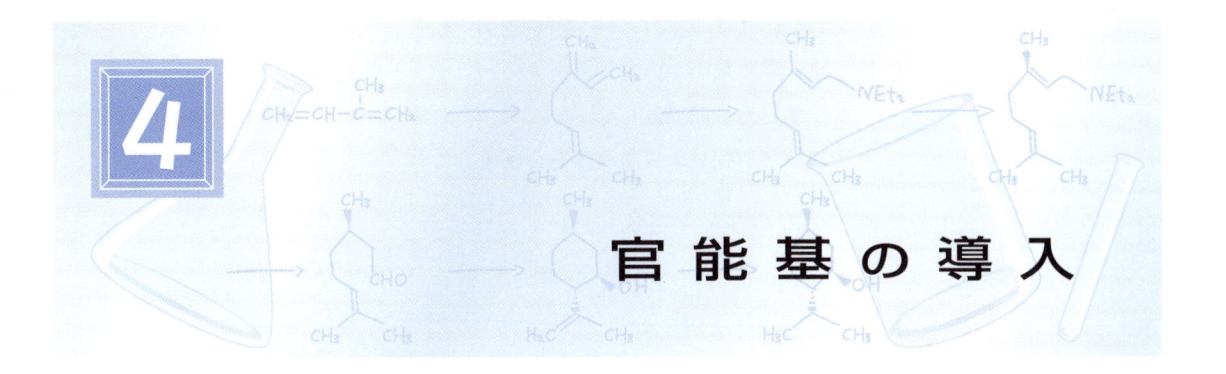

　有機分子がどのような官能基をもつかは，その性質を決定するうえで重要な要素となる．官能基が導入あるいは変換されれば，分子に新しい性質が生まれる．このような官能基の種類は限られたものであるが，その組合わせによってさまざまな性質をもつ有機分子をつくり出すことができる．
　このため，有機合成において目的の官能基を導入あるいは変換することは一つの大きな目標となる．

1. ハロゲン原子の導入

　炭素骨格にハロゲン原子が結合していれば，それを置換することによって各種の官能基を導入することができる．また，ハロゲン化水素として脱離させることによって二重結合を導入することができる．さらに，その二重結合に酸化反応や付加反応を用いて分子を変換させていくことができる．

ポイント！
有機ハロゲン化合物は分子中に官能基を導入したり，ある官能基を他の官能基に変換するのに重要なものである．

付加反応による導入

　アルケンにハロゲンを付加させれば，1,2-ジハロゲン化合物が生成する（図3・10参照）．3章の「3. 求電子付加反応」で見たように，この反応はトランス付加であり，2個のハロゲン原子はそれぞれ，分子面の上下方向から付加する．
　アルケンにハロゲン化水素を作用すると，ハロゲン化合物が生成する

（図4・1a）．このさい，出発物の二重結合を構成する2個の炭素のうち，アルキル基の多いほうの炭素にハロゲンが付加する．

まったく同様にして，アルキンもハロゲンやハロゲン化水素を付加して，ハロゲン化ビニル誘導体を合成することができる（図4・1b）．

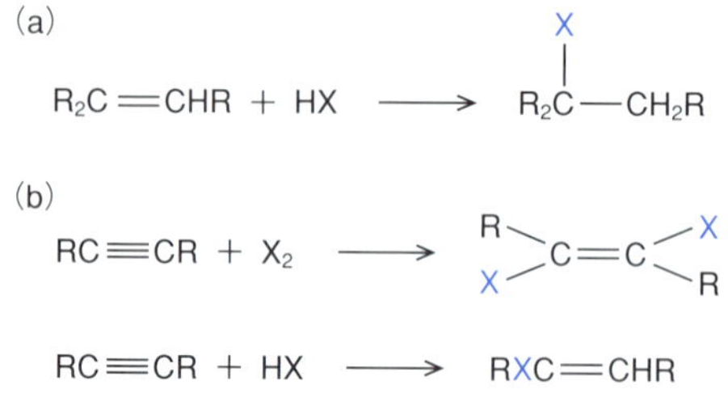

(a) $R_2C=CHR + HX \longrightarrow R_2C(X)-CH_2R$

(b) $RC\equiv CR + X_2 \longrightarrow$ (R,X)C=C(X,R)

$RC\equiv CR + HX \longrightarrow RXC=CHR$

図4・1 付加反応によるハロゲン原子の導入

水素原子の置換

アルカンにハロゲン原子を導入するには，光反応を用いる（図4・2）．すなわち，メタンと塩素の混合気体に紫外線を照射すると，塩化メチルが生成する．これはメタンの水素原子の1個が塩素に置換したものであり，この反応は，以下のようにラジカル的に進行する．

すなわち，光照射によって発生した塩素ラジカル Cl· がメタンを攻撃して水素原子を HCl として引き抜き，メチルラジカル $CH_3·$ を生成する．ついでこのメチルラジカルが塩素ラジカルと反応して，塩化メチルを生成する．

全体の反応： $CH_4 + Cl_2 \xrightarrow{光} CH_3Cl + HCl$

ラジカル反応： $Cl_2 \xrightarrow{光} 2\,Cl·$

$CH_4 + Cl· \longrightarrow CH_3· + HCl$

$CH_3· + Cl· \longrightarrow CH_3Cl$

図4・2 アルカンへのハロゲン原子の導入

官能基の置換

出発物に官能基があれば，それに対して置換反応を行うことによってハロゲン原子を導入することができる．

アルコールやアミンにハロゲン化水素を反応させれば，ヒドロキシ基やアミノ基がハロゲン原子に置換される（図4・3）．

ハロゲン化アルキル RX は芳香族化合物に炭素骨格（アルキル基）を導入する反応に用いられる．この反応をフリーデル-クラフツアルキル化という（3章参照）．

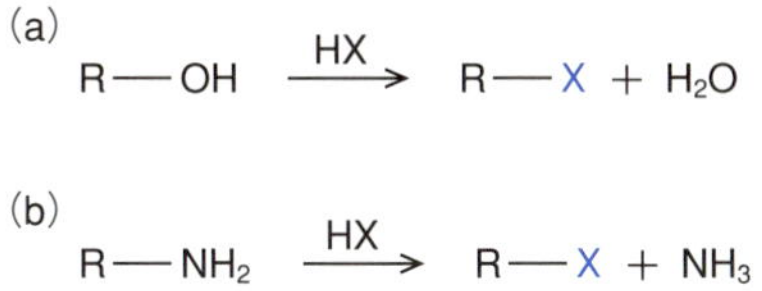
(a)
R—OH
HX
R—X + H2O
(b)
R—NH2
HX
R—X + NH3

図4・3　官能基の置換によるハロゲン原子の導入

芳香族化合物への導入

ベンゼンに代表される芳香族化合物にもハロゲン原子を導入することができる．

その一つの方法はハロゲン分子とハロゲン化鉄(Ⅲ）などのルイス酸を用いる反応である（図4・4a）．ハロゲン分子とルイス酸の反応で発生したハロゲンカチオンがベンゼンを求電子攻撃して，ハロゲン化ベンゼンを生成する．

ルイス酸とは，反応の相手から電子対を受容するものをいう．一方，反応の相手に電子対を供給するものをルイス塩基という．

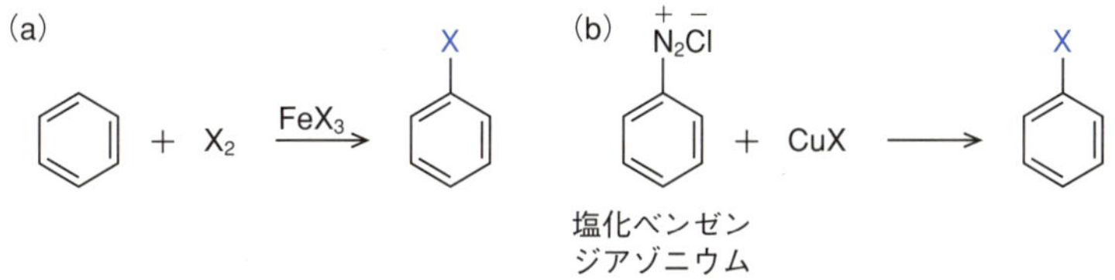
(a)
+ X2
FeX3
X
(b)
N2Cl
+ CuX
X
塩化ベンゼン
ジアゾニウム

図4・4　芳香族化合物へのハロゲン原子の導入

もう一つの方法は，塩化ベンゼンジアゾニウムを用いる反応である（図4・4b）．この物質とハロゲン化銅を反応させると，ハロゲン化ベンゼンが生成する．

2. ヒドロキシ基の導入

ポイント！
アルコールは市販品として入手できるために，有機合成の原料として重要である．

ヒドロキシ基 −OH は基本的な官能基の一つであり，ヒドロキシ基を含む分子を**アルコール**（alcohol）という．そのため，ヒドロキシ基を導入するには付加反応，置換反応，酸化・還元反応など，多くの手段が開発されている．

付加反応

アルケンに水を付加すると，ヒドロキシ基が導入されてアルコールとなる（図4・5a）．反応は求電子付加反応であり，水素イオン H^+ の付加によって生成したカチオン中間体に水酸化物イオン OH^- が付加する．したがって，反応には3章の「3. 求電子置換反応」で見たように生成物に対する選択性が生じる．

また，アルケンにボラン BH_3 を作用させ，その付加物を酸化してもアルコールを得ることができる（図4・5b）．

(a) $R_2C=CR_2 + H_2O \longrightarrow R_2C-CR_2$ （H，OH）

(b) $R_2C=CR_2 + BH_3 \longrightarrow R_2C-CR_2$ （H，BH$_2$） $\xrightarrow{酸化}$ R_2C-CR_2 （H，OH）

図4・5　アルケンへの付加反応によるヒドロキシ基の導入

置換反応

ハロゲン化合物やアミンに水酸化物イオン OH^- を反応させると，置換反応が起きて，それぞれハロゲン原子やアミノ基がヒドロキシ基に置換されて，アルコールになる（図4・6）．

反応は3章の「1. 求核置換反応」で見たように，S_N1 あるいは S_N2 反

$R-X \xrightarrow{OH^-} R-OH$

$R-NH_2 \xrightarrow{OH^-} R-OH$

図4・6　置換反応によるヒドロキシ基の導入

応機構によって進行する．

還元反応

　カルボニル基を還元すると，ヒドロキシ基になる（図4・7a）．すなわち，アルデヒドを還元すると第一級アルコールとなり，ケトンを還元すると第二級アルコールとなる．

　還元反応は，3章の「3. 求電子付加反応」で見た接触水素化によって行ってもよい．また，水素化アルミニウムリチウム LiAlH$_4$ や水素化ホウ素ナトリウム NaBH$_4$ などの還元剤を用いてもよい．エステルあるいはカルボン酸の場合は LiAlH$_4$ を用いるとアルコールとなる（図4・7b）．

　また，カルボニル基をもつ分子に，グリニャール試薬 RMgX（X はハロゲン原子）を用いると，アルキル基を導入してアルコールとすることができる（図4・7c）．

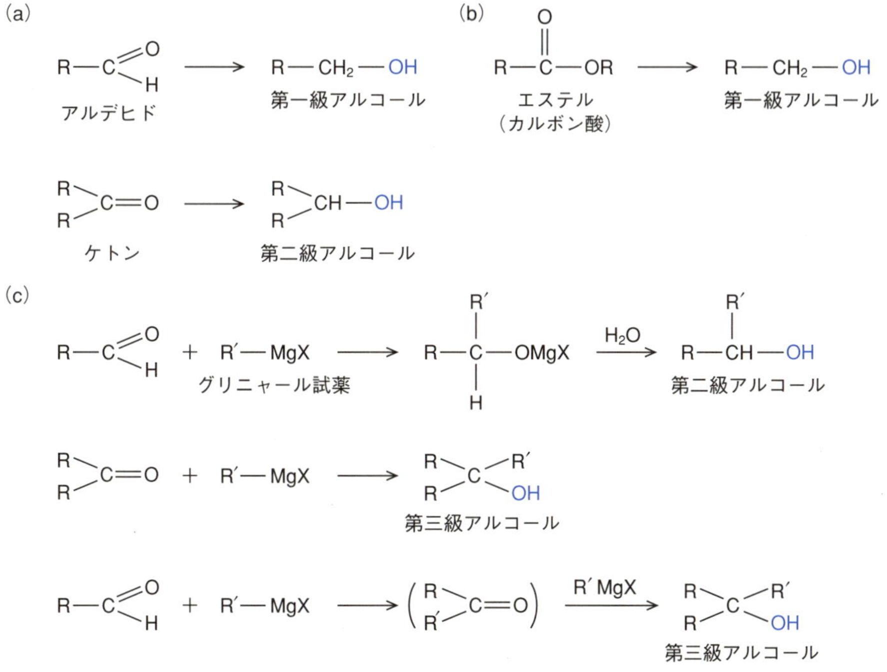

光学活性な分子を出発物として用いた場合，S$_N$1 反応で進行すると光学活性を失い，ラセミ体が生成する．それに対して，S$_N$2 反応で進行した場合には，生成物の立体配置は出発物に対して反転する（ワルデン反転）が，光学活性は保たれる．

NaBH$_4$ は LiAlH$_4$ よりも穏やかな還元剤なので，アルデヒドやケトンよりも反応性の低いエステルやカルボン酸などは還元しない（図7・7参照）．

図4・7　カルボニル基の還元によるヒドロキシ基の導入

酸化反応

アルケンを二酸化マンガン MnO_2 や四酸化オスミウム OsO_4 などの酸化剤で酸化すると,ヒドロキシ基が2個導入された1,2-ジオールが生成する(図8・6参照).

ベンゼンへの導入

工業的に,ベンゼンにヒドロキシ基を導入してフェノールにするには,クメンを用いる方法がある(図2・9a参照).実験室的には,ベンゼンスルホン酸と水酸化ナトリウムを溶融し,生じたフェノールナトリウム塩を分解する方法が一般的である(図4・8).

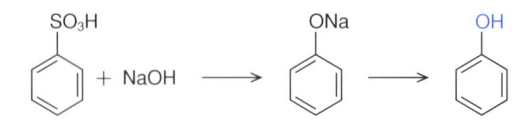

図4・8 実験室的にベンゼンにヒドロキシ基を導入する方法

3. カルボニル基の導入

カルボニル基 C=O をもつものを**カルボニル化合物**(carbonyl compound)といい,C=O を炭素骨格の末端に含む**アルデヒド**(aldehyde) RCHO と内部に含む**ケトン**(keton) RR′C=O に区別される.

カルボニル基は求核付加反応を受けやすく,反応性に富む官能基である.そのため,有機合成の出発物あるいは中間体として欠かせないものである.それだけに,カルボニル基の導入は有機合成にとって重要な技術となる.

ポイント!
カルボニル化合物は有機合成のための重要な原料の一つである.

二重結合の酸化

二重結合を過マンガン酸カリウム $KMnO_4$ やオゾン O_3 で酸化的に切断すると,カルボニル基が導入される(図2・10参照).

二重結合を構成する炭素それぞれに,2個のアルキル基がついている場合にはケトンが生成する.一方,それぞれの炭素に1個のアルキル基がついている場合にはアルデヒドが生成するが,さらに酸化されてカルボキシ

三重結合と水の反応

三重結合に水を付加させると，エノール形のビニルアルコールを経由してケト形のカルボニル化合物になる（図8・1参照）．

アルコールの酸化

アルコールを酸化するとカルボニル基になる（図3・20a参照）．すなわち，第一級アルコールを酸化すると，アルデヒドになる．

一方，第二級アルコールを酸化するとケトンになる（図3・20b参照）．また，第三級アルコールは酸化されることはない．

ただし，アルデヒドは酸化されやすいので，反応条件下でさらに酸化されてカルボキシ基になることがあるので注意が必要である．

カルボン酸の変換

カルボン酸に塩化チオニル $SOCl_2$ などを反応すると，カルボン酸塩化物になる．これにグリニャール試薬を反応させるとケトンが得られる（図4・9）．

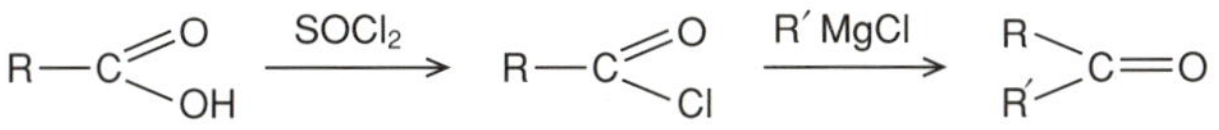

図4・9　カルボン酸からのケトンへの変換

イミン，ニトリルの変換

C＝N二重結合をもつ分子を一般に**イミン**（imine）という．イミンを加水分解するとケトンになる（図4・10a）．また，ニトリル化合物にグリニャール試薬を反応させると，イミンを経由してケトンになる（図4・10b）．

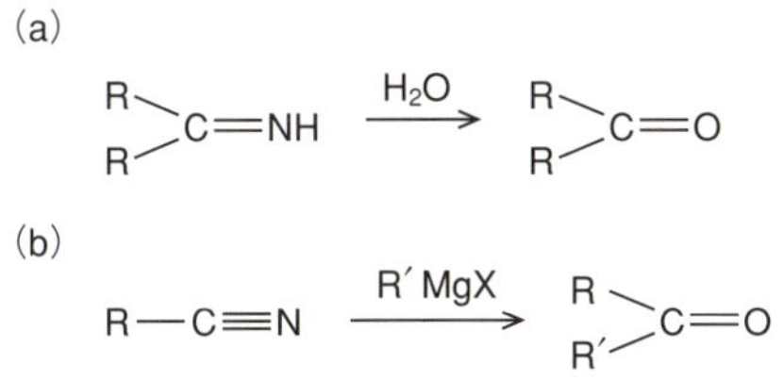

図4・10　イミン，ニトリルからのケトンへの変換

芳香族化合物への導入

ベンゼンにホルミル基 −CHO のついたベンズアルデヒドを合成するには，ベンジルアルコールを酸化すればよい（図 4・11a）．

ベンゼンにカルボニル基を導入してケトンにするには，3 章で見た求電子置換反応を用いる．すなわち，酸塩化物をルイス酸存在下でベンゼンに反応させる（図 4・11b）．特に，これを **フリーデル-クラフツアシル化**（Friedel-Crafts acylation）という．

図 4・11 芳香族化合物へのカルボニル基の導入

4. カルボキシ基の導入

カルボキシ基 −COOH をもつ**カルボン酸**（carboxylic acid）は酸性の分子であり，工業製品の原料あるいは医薬品として重要なものが多い．また，有機合成のための原料としてもよく利用されている．カルボキシ基の導入法は，前節で見たカルボニル基の導入法と似ているが，重要な官能基であるので，ここで改めて整理しておこう．

二重結合の酸化

二重結合を構成する炭素に水素の結合したアルケンを酸化すると，アルデヒドを経てカルボン酸になる（図 2・10 参照）．

アルコール，アルデヒドの酸化

アルデヒドを酸化すると，ホルミル基がカルボキシ基に酸化されてカル

ボン酸になる．また，第一級アルコールを酸化するとアルデヒドを経てカルボン酸になる（図3・20参照）．

ニトリル基の加水分解

　ニトリル化合物を酸性または塩基性の水溶液中で反応させると，ニトリル基がカルボキシ基に変換されてカルボン酸になる（図4・12a）．この反応においては，炭素の総数は変化していない．

グリニャール試薬の使用

　グリニャール試薬を二酸化炭素に反応するとカルボン酸になる（図4・12b）．この反応では，二酸化炭素が導入されて炭素骨格が1個伸びるので，炭素骨格の伸長としても使うことができる．また，有機リチウム試薬を二酸化炭素に反応させても同様の反応が起きる．

グリニャール試薬および有機リチウム試薬については5章も参照のこと．

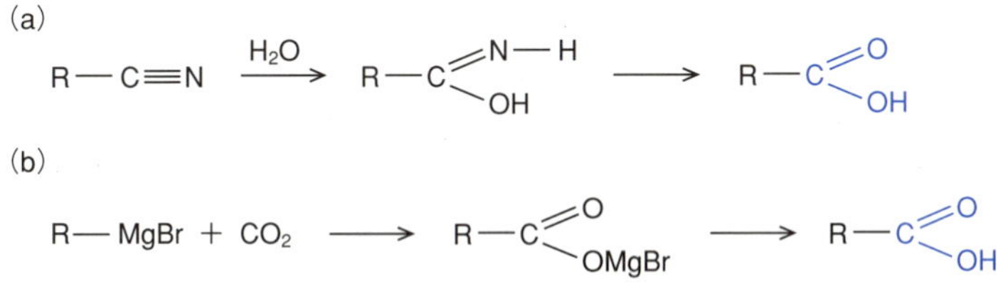

(a) R—C≡N $\xrightarrow{H_2O}$ R—C(=N—H)(OH) ⟶ R—C(=O)(OH)

(b) R—MgBr + CO_2 ⟶ R—C(=O)(OMgBr) ⟶ R—C(=O)(OH)

図4・12　カルボキシ基の導入

芳香族化合物への導入

　ベンゼンにカルボキシ基を導入するには，おもに三つの方法がある．

A. 官能基の酸化

　ベンジルアルコール，ベンズアルデヒドを酸化すると，それぞれの官能基が酸化されてカルボキシ基となり，安息香酸となる（図4・13a）．

B. アルキル基の酸化

　アルキル基をもつベンゼンを酸化すると，アルキル基が酸化されてカルボキシ基となる（図4・13b）．この反応はアルキル基をもつベンゼンなら，どのようなアルキル基に対してでも同様に進行する．

図 4・13　芳香族化合物へのカルボキシ基の導入

C. その他の方法

ハロゲン化ベンゼンから調整したグリニャール試薬を二酸化炭素に反応させる（図 4・13c）.

さらに特殊な例であるが，ナフタレンを五酸化バナジウム V_2O_5 で酸化すると，カルボキシ基を 2 個もったフタル酸が生成する（図 4・13d）.

5. 窒素を含む官能基の導入

ポイント!
有機合成では酸素を含む官能基のほかに，窒素を含む官能基も重要である．

窒素を含む官能基には，独特の性質をもったものが多い．このため，その導入法は有機合成にとって大切なものとなる．窒素を含む官能基には，アミノ基 $-NH_2$，ニトロ基 $-NO$，ニトリル基 $-CN$ などがあげられる．

アミノ基の導入

アミンは天然に存在し，微量で特有の作用を示す生理活性物質に多く見られるものである．

アミノ基をもつ分子を**アミン** (amine) という．アミノ基の導入はおもに置換反応あるいは還元反応による．

A. 置換反応

ハロゲン化合物をアンモニアで処理すると，ハロゲン原子がアミノ基に変換され，アミンが生じる（図 4・14a）.

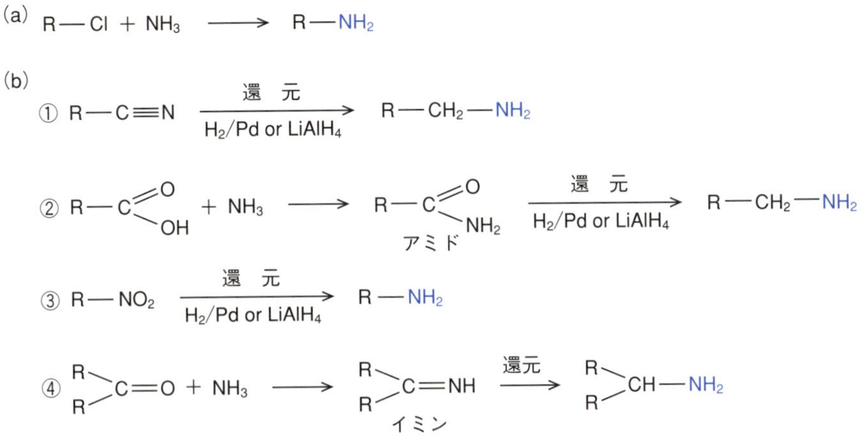

(a) R—Cl + NH₃ ⟶ R—NH₂

(b)
① R—C≡N →[還元 / H₂/Pd or LiAlH₄]→ R—CH₂—NH₂

② R—C(=O)OH + NH₃ ⟶ R—C(=O)NH₂ (アミド) →[還元 / H₂/Pd or LiAlH₄]→ R—CH₂—NH₂

③ R—NO₂ →[還元 / H₂/Pd or LiAlH₄]→ R—NH₂

④ R₂C=O + NH₃ ⟶ R₂C=NH (イミン) →[還元]→ R₂CH—NH₂

図 4・14 アミノ基の導入

B. 還元反応

各種の官能基を還元することによって，アミノ基に変換することができる（図4・14b）．

①ニトリル基：ニトリル基を接触水素化するか，または水素化アルミニウムリチウムなどで還元する．

②カルボン酸：カルボン酸とアンモニア（またはアミン）を反応すると，アミドができる．アミドを接触水素化するか，または水素化アルミニウムリチウムで還元する．

③ニトロ基：ニトロ基を接触水素化するか，または水素化アルミニウムリチウムで処理する．ベンゼンにアミノ基を導入するには，もっぱらこの方法が用いられる．

④還元アミノ化：イミンの還元反応のことであり，カルボニル化合物をアンモニア（アミン）の存在下で還元する．

アミドとは−COOH 基の OH 部分をアミノ基−NH₂ で置換したものをいう．

ニトロ基の導入

ニトロ基を導入する方法はあまり多くない．ニトロ基を還元するとアミノ基になるから，アミノ基を酸化すればニトロ基になりそうであるが，こ

オキシム（oxime）とは，アルデヒドやケトンなどとヒドロキシルアミンが縮合してできた分子のことをいう．

の反応は単一の生成物ではなく，多くの生成物の複雑な組成の混合物を与えるので，有機合成には利用できない．

そこで，一般にニトロ基を導入するにはオキシムを用いる．すなわち，アルデヒドにヒドロキシルアミンを反応させると，オキシムが生成する（図4・15a）．さらに，このオキシムを有機過酸を用いて酸化するとニトロ基になる．

ベンゼンにニトロ基を導入するには，一般にニトロ化といわれる方法を用いる（図4・15b）．すなわち，ベンゼンに硝酸と硫酸の混酸を作用させると，ニトロベンゼンが高収率で生成する．

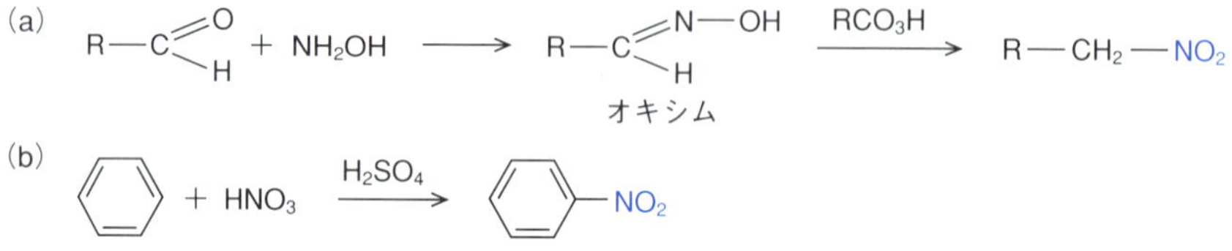

図4・15　ニトロ基の導入

ニトリル基の導入

ニトリル基は強力な電子求引性なので，機能性有機分子の合成に必要となることが多い．ニトリル基の導入に使われるおもな反応は，以下のものである（図4・16）．

① アミドを五酸化リン P_2O_5 で脱水する．
② カルボニル化合物にシアン化水素 HCN を求核付加させる．
③ ベンゼンにニトリル基を導入するには塩化ベンゼンジアゾニウムを用いる．これにシアン化銅を作用させると，ニトリル基が導入されてベン

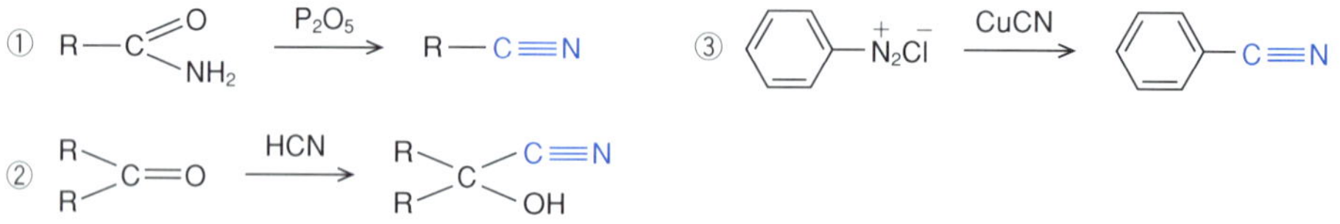

図4・16　ニトリル基の導入

ゾニトリルが生成する．このように，塩化ベンゼンジアゾニウムと銅化合物の反応を，発見者の名前をとって**サンドマイヤー反応**（Sandmeyer reaction）という．

6. その他の官能基の導入

ここまでに登場した官能基のほかにもいくつかのものがある．これらのなかには，二つの官能基の反応によって生じるものもある．

エーテル，エポキシドの合成

2個のアルキル基を酸素で架橋した分子を**エーテル**（ether）といい，三員環のエーテルを**エポキシド**（epoxide）という．

A. 対称エーテル

2分子のアルコールの間で脱水が起これば，エーテルになる（図4・17a）．ただし，この反応で合成できるエーテルはR—O—Rであり，酸素をはさんで同じアルキル基が結合した対称エーテルに限られる．もし，2種類のアルコール R—OH と R′—OH の間で脱水が起こると，3種類のエーテル，R—O—R，R—O—R′，R′—O—R′ の混合物が生成する．

B. 非対称エーテル

酸素に異なるアルキル基が置換した非対称エーテル R—O—R′ のみをつくるには，**ウィリアムソン合成法**（Williamson synthesis）を用いる（図4・17b）．すなわち，ナトリウムアルコキシド R—ONa と，臭化アルキル R′—Br を反応させる．

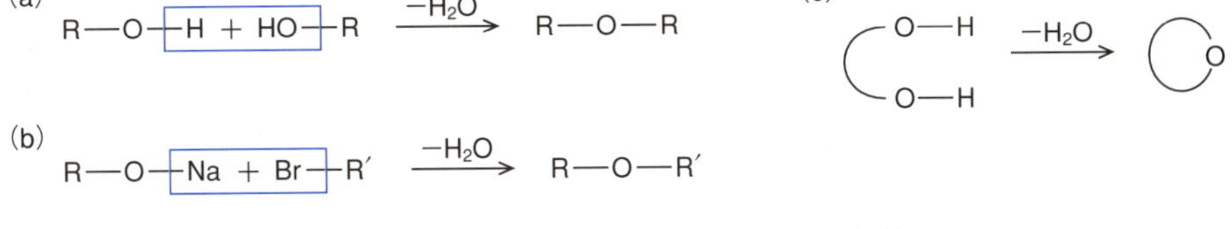

(a) R—O—H + HO—R $\xrightarrow{-H_2O}$ R—O—R

(b) R—O—Na + Br—R′ $\xrightarrow{-H_2O}$ R—O—R′

(c) O—H, O—H $\xrightarrow{-H_2O}$ (エポキシド環)

図4・17　エーテルおよびエポキシドの合成

C. 環状エーテル

分子内の離れた位置にある2個のヒドロキシ基の間で脱水が起こると，環状エーテルになる（図4・17c）．

D. エポキシド

三員環エーテル，すなわちエポキシドをつくるには，二重結合を有機過酸で酸化するのが一般的である（図8・4参照）．

エステル，ラクトンの合成

カルボン酸とアルコールを反応すると，水がとれて**エステル**（ester）が生成する（図4・18a）．

同一分子内にあるカルボキシ基とヒドロキシ基の間でエステル化が起こると，環状エステルが生成する（図4・18b）．このような環状エステルを一般に**ラクトン**（lactone）という．

図4・18 エステルおよびラクトンの合成

アミド，ラクタムの合成

> **ポイント！**
> これまでに見た官能基の導入と変換は，代表的なものを簡潔にまとめたものなので，しっかりと理解しておこう．

カルボン酸とアミンを反応すると，水がとれて**アミド**（amide）が生成する（図4・19a）．

同一分子内で離れた位置にあるカルボキシ基とアミノ基の間でアミド化が起こると，環状アミドが生成する（図4・19b）．このような環状アミドを一般に**ラクタム**（lactam）という．

図4・19 アミドおよびラクタムの合成

5 その他の有用な合成反応

　有機反応は有機分子を合成するための手段となる．これらの手段をできるだけ多く身につけることが，多様な有機分子を効率良く合成するさいの近道となる．また，地球環境へ配慮したクリーンな合成反応も求められている．このような観点から，新しい試薬や新規な合成方法が開発されている．

1. 有機金属試薬および遷移金属錯体

　有機分子に金属が結合してできた化合物を**有機金属試薬**（organometallic reagent）という．有機金属試薬を用いると，一般的な試薬では実現できない特別な反応を行うことが可能となる．このため，有機合成において欠かせないものとなっている．また，有機金属試薬のなかでも**遷移金属錯体**（transition metal complex）は触媒として特有な性質を示し，多様な有機分子を生み出すことができるために，工業的にも広く利用されている．

ポイント！
金属元素を含む有機分子は現在，有機合成において重要な位置を占めるに至っている．

有機リチウム試薬

　リチウム Li は電気陰性度が炭素に比べてかなり小さいので（図1・13 参照），有機リチウム試薬 RLi の C–Li 結合の炭素がマイナスに荷電するために，求核試薬として作用する（図3・1参照）．そのため，カルボニル基 C=O のプラスに荷電した炭素を攻撃するので，アルデヒドやケトンと

有機金属試薬は一般に水分や酸素によって分解したり，発火・爆発することがあるなど，取扱いには十分な注意が必要である

有機リチウム試薬は非常に反応性が高いので，低温，不活性雰囲気下において，THF（テトラヒドロフラン）などの非プロトン性溶媒中で反応が行われる．

容易に反応する．

図5・1は有機リチウム試薬によるアルデヒドからのアルコールの合成を示した．THF 溶媒中のアルデヒドに有機リチウム試薬を加えると，アルコキシドが生成する．その後，さらに水を加えてプロトン化することで，アルコールが得られる．

有機リチウム試薬をつくるにはハロゲン化アルキルと金属リチウムを反応させればよいが，いく種類かのものが市販されているので，それを用いるのが便利である

$$\underset{\text{アルデヒド}}{\overset{R}{\underset{H}{>}}C=O} + CH_3Li \longrightarrow \underset{\text{アルコキシド}}{CH_3-\overset{O^{\ominus}}{\underset{R}{\overset{|}{C}}}-H} \xrightarrow{H_2O} \underset{\text{第二級アルコール}}{CH_3-\overset{OH}{\underset{R}{\overset{|}{C}}}-H}$$

図5・1　有機リチウム試薬によるアルコールの合成

マグネシウムの電気陰性度もリチウムと同様に小さいので，グリニャール試薬は求核性をもつ．

有機マグネシウム試薬

有機マグネシウム試薬には，4章で見たグリニャール試薬 RMgX がある．グリニャール試薬も有機リチウム試薬と同様の作用を示す．合成反応は通常，1個の反応容器に，つぎつぎと異なった試薬を加えることによって進行する，いわゆる"ワンポット反応"である（図10・3参照）．また，高収率で生成物を与えることから，有機合成反応に欠かせない試薬である．

そのほかにも，ホウ素，アルミニウム，ケイ素，銅，スズなどのさまざまな有機金属試薬が利用されており，それぞれに特有の有機反応が実現されている．ただし，ホウ素，ケイ素は厳密には金属に分類されないが，これらを含む試薬はいまでは有機合成に不可欠なものとなっている．

周期表で3族から11族までのものを"遷移元素"といい，遷移元素はすべて金属である．
"錯体"とは中心の金属 M または金属イオンのまわりに，配位子 L とよばれる小さな分子またはイオンが結合したものである．遷移金属イオンでは，電子の満たされない d，f 軌道が存在し，錯体はこの空の軌道に，配位子のもつ非共有電子対を供与して結合することでつくられる．

遷移金属錯体

遷移金属錯体は，多くの有機反応を促進する触媒として，工業的にも広く利用されている．

アルケンに一酸化炭素と水素を反応させて，炭素が1個増えたアルデヒ

ドを生成する**オキソ法**（oxo process）はその代表的な例の一つである（図5・2）．ここで，水素の代わりに水を用いると，カルボン酸ができる．オキソ法では，ロジウム触媒（HRh(CO)PPh₃）などが用いられている．

このような反応は実は単純ではなく，いくつかの素反応が組合わされてできた触媒サイクルによって構成され，反応終了後に触媒が元のままで回収できるようになっている．

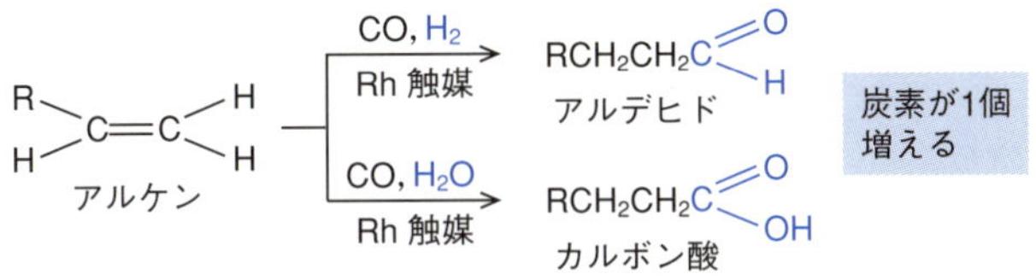

図5・2 Rh触媒を用いたオキソ法

また，エチレン C_2H_4 の酸化によって，アセトアルデヒド CH_3CHO を生成する**ワッカー法**（Wacker process）も広く利用されている．触媒としては，パラジウム錯体 $PdCl_2$（実際は$[PdCl_4]^{2-}$）が使われている．

非対称のアルケンにモリブデン Mo やタングステン W などを含む触媒を加えると，炭素の組換えが起こり，対称アルケンが生成する（図5・3a）．このような反応は**メタセシス**（metathesis）とよばれ，遷移金属触媒を用いた重要な有機反応の一つとなっている．

メタセシスの反応機構はつぎのように考えられる（図5・3b）．① 遷移金属 M が非対称アルケンを二重結合部位で切断してカルベン R_2C:（3章参照）の金属錯体をつくる．② この錯体が非対称アルケンと反応して，金属

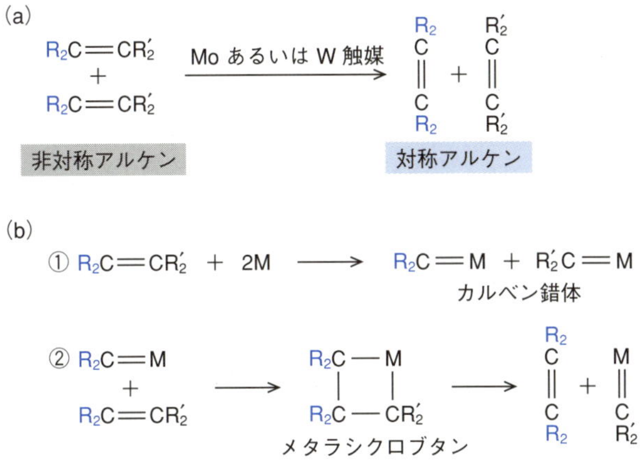

図5・3 メタセシス（a）およびその反応機構（b）

を含んだ四員環中間体（メタラシクロブタン）を生成し，これが解離して，対称アルケンを与えるというものである．

2. 電気化学反応

電気化学反応（electrochemical reaction）を用いた有機合成も行われている．電気分解，つまり反応溶液に電流を流すことによって，有機分子に直接電子を与えてアニオン（アニオンラジカル）にしたり，反対に電子を奪ってカチオン（カチオンラジカル）にする（2章コラム参照）．電気分解によって生じたイオンやイオンラジカルは，各種の反応を経由して最終生成物となる．

ポイント！
電気化学的な手法も有機合成において重要である．

電気分解の操作

電気化学反応（電気分解）の実際を簡単に見ておこう．図5・4に示すように反応物と電気伝導性の物質（支持電解質）を適当な溶媒に溶かして容器に入れる．そこに電極を挿入して，直流電源より適当な電圧に設定した電流を流す．反応終点は，電圧一定にして電流が流れなくなった時点とする（低電圧電解）か，あるいは一定時間当たり一定の電流を流し，それが流れなくなった時点とする（低電流電解）かである．

溶媒としてはアルコール類，アセトニトリル，DMF（ジメチルホルム

電圧は電圧計を用いて監視し，通電量はクーロメーターを用いて測定する．

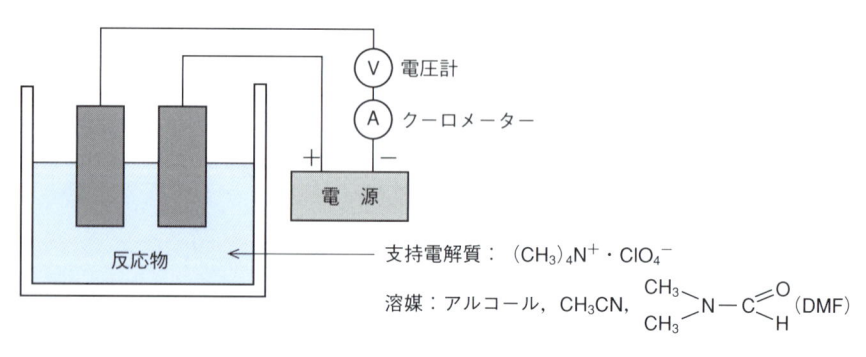

図5・4　電気分解の装置

アミド）などが用いられ，支持電解質としてはテトラブチルアンモニウムの塩素酸塩などの第四級アンモニウム塩などが用いられる．電極には炭素，銀，白金などが用いられる．同じ出発物を用いても，これらの条件の組合わせによって異なった生成物が得られることがある．

電解酸化反応

電解酸化反応（electrolytic oxidation）では，電極が出発物から直接電子を奪い，カチオンラジカルを生成する．ついでこのカチオンラジカルが求核攻撃を受けたり，求電子攻撃を行うことによって生成物を与える．

芳香族化合物 **1** の置換反応によるニトリル化を例に示した（図 5・5）．**1** からカチオンラジカル **2** が生じ，これをニトリルイオン CN⁻ が攻撃して中間体 **3** を与える．**3** がさらに電解酸化されてカチオン **4** となり，最終生成物 **5** を与える．

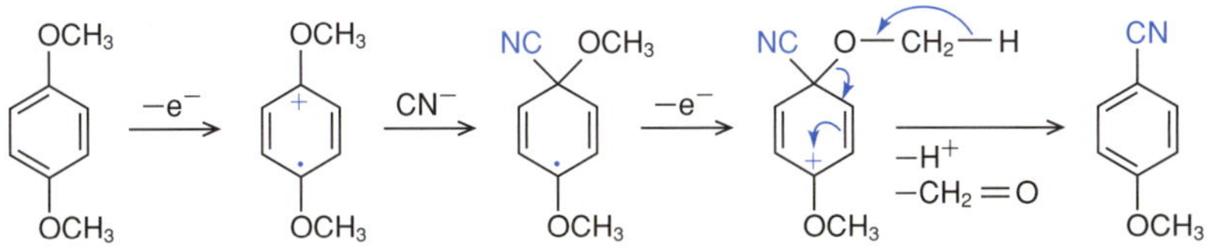

図 5・5　電解酸化反応

電解還元反応

電解還元反応（electrolytic reduction）では，電解酸化と反対に，電極が出発物に直接電子を与える．その結果生じたアニオンラジカルが求電子

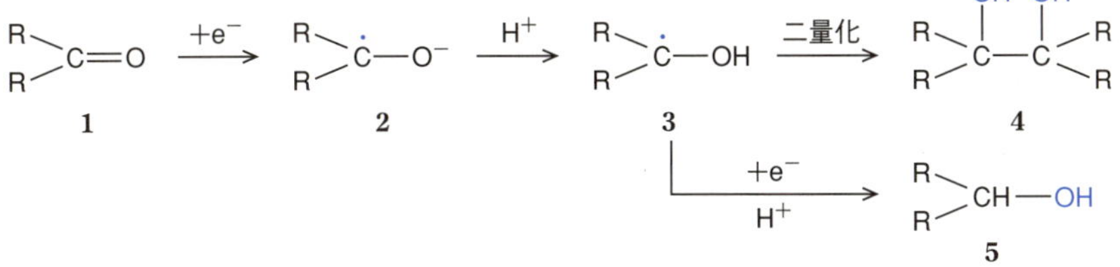

図 5・6　電解還元反応

ケトンから生じるアニオンラジカル **2** をケチルという．ケチルは Mg などの金属を用いてケトンを還元することによっても得られる．

攻撃を受けたり，求核攻撃を行ったりして生成物を与える．

カルボニル化合物 **1** を電解還元するとアニオンラジカル **2** が生じ，これが（溶媒の）水素を引き抜くとラジカル中間体 **3** となる（図 5・6）．**3** が二量化すれば生成物 **4** となる．また，**3** がさらに電解還元を受けるとアルコール誘導体 **5** となる（図 5・6）．

3. 光 化 学 反 応

ポイント！
熱ではなく，光を利用した有機反応も重要である．

これまでに見た有機反応のほとんどは熱を用いたものであった．ここでは光による光化学反応を利用した有機合成について見てみよう．

熱エネルギーは分子の振動や回転のエネルギーに相当し，光エネルギーは分子の電子エネルギーに相当する．このため，同じ分子でも熱と光を用いた反応ではまったく異なった挙動を示す．

光異性化反応

アルケンのπ電子は光によって，基底状態から励起状態に変化する．このため，励起状態では一時的にπ結合が消失するが，分子が基底状態へ戻るときに再びπ結合をつくる．このとき，立体配置（シス・トランス）が変化することがある．

単結合と異なり，二重結合まわりでの回転は一般にできないため，シス形とトランス形の相互変換（異性化という）は不可能である．しかし，それは熱反応でのことであり，光反応では互いに異性化が可能となる（図 5・7）．これを **光異性化反応**（photoisomerization）という．すなわち，アルケンに紫外線を照射すると，シス・トランス異性化が起こる

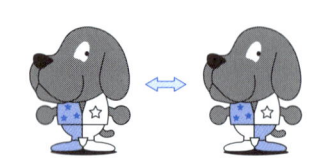

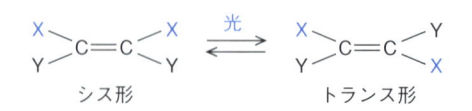

$$\underset{\text{シス形}}{\overset{X}{\underset{Y}{>}}C=C\overset{X}{\underset{Y}{<}}} \underset{}{\overset{光}{\rightleftarrows}} \underset{\text{トランス形}}{\overset{X}{\underset{Y}{>}}C=C\overset{Y}{\underset{X}{<}}}$$

図 5・7 光異性化反応

光 還 元 反 応

C=O 二重結合も紫外線照射によって活性化される．そのため，アルコールなどの分子から容易に水素を引き抜き，ラジカルを生成する．図 5・8 にはベンゾフェノンの例を示した．ベンゾフェノン **1** が紫外線照射の下，溶媒のイソプロパノール **2** から水素を引き抜き，ケチルラジカル **3** を生成する．その後，ケチルラジカルが二量化し，1,2-ジオール **4** が生成する．

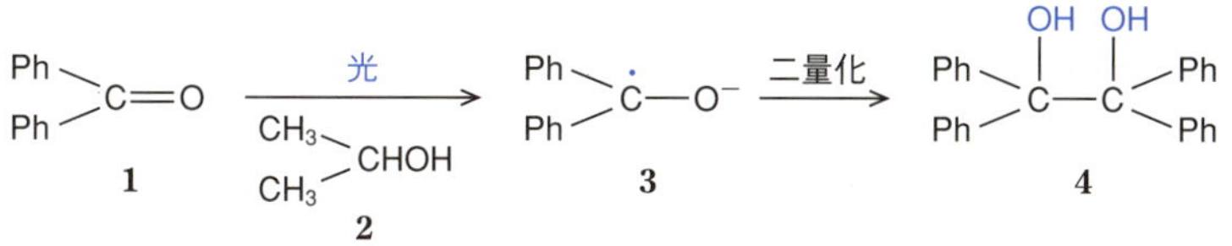

図 5・8 光還元反応

水素移動反応

環状共役分子の sp³ 混成炭素に結合した水素は、加熱あるいは光照射下で移動する。この反応を**水素移動反応** (hydrogen transfer reaction) というが、移動の仕方が熱反応と光反応で異なる (図 5・9)。

すなわち、分子 **1** を加熱すると、1 位に結合した水素は 5 位に移動 (1,5-移動) して生成物 **2** を与える。しかし、ここで紫外線を照射すると 7 位に移動 (1,7-移動) して生成物 **3** を与える。このように、同じ様式の反応 (水素移動) でも、熱反応と光反応では異なった生成物を与える。

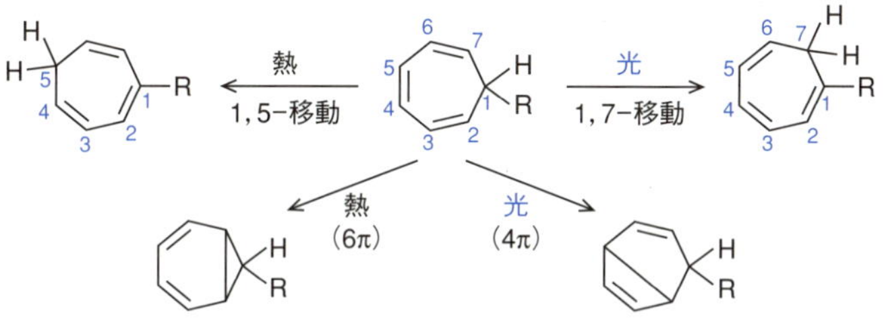

図 5・9 水素移動反応および閉環反応

閉 環 反 応

共役分子が環状に変化する閉環反応も、熱反応と光反応で異なった生成物を与える (図 5・9)。すなわち、分子 **1** を加熱すると、3 個の二重結合 (6π 電子) が関与した閉環反応を起こし、生成物 **4** を与える。しかし、紫外線を照射すると、2 個の二重結合 (4π 電子) が関与した閉環反応を経由して **5** を与える。

付加環化反応

ベンゼンは通常，付加反応を起こさないが，適当な触媒（塩化アルミニウムなど）が存在すると，アルキンと付加環化して付加物 **1** を与える（図 5・10）．この反応には 3 個の二重結合（6π電子）が関与している．一方，紫外線照射下では付加物 **2** を経由して **3** を与える．この反応に関与する二重結合は 2 個（4π電子）である．

図 5・10　付加環化反応

4. 二つの相を利用した反応

ポイント！
二つの相の界面を利用した有機合成も知られている．

分子間の反応は，反応に関与する分子が衝突することによって開始される．そのため，反応が効率良く進行するためには，分子は互いによく混合し，分子間の距離が短いことが必要である．このような条件が満たされるのは溶液状態であり，そのため，多くの反応は溶液中で行われる．しかしながら，そのような条件が得られない場合には，別の手段が必要になる．

固相反応

試薬の溶媒への溶解度が悪いなどの場合には，固体状態で反応を行うこともある．このときには，固体（固相）と固体，固体と気体（気相）など，相の境界（界面）で反応させざるをえない．このような反応は，通常の条件では進行しにくいため，特別の工夫を凝らすことが必要となる．

最も簡便な方法の一つは"マイクロ波"，つまり電子レンジの利用である．反応させたい物質の固体を粉末状にして混合し，電子レンジで加熱する．この方法では溶媒が不要で，操作も簡単であるという利点もあるが，必ずしも一般的ではない．

また，固相と液相の間の反応では，高周波が簡便で有効な方法の一つで

ある．反応容器を高周波洗浄機など，高周波発生装置にセットして高周波で振動撹拌する．この方法で，グリニャール試薬や有機リチウム試薬など，各種の有機金属試薬が短時間かつ高収率で生成することが知られている．

混じりあわない溶液間の反応

有機分子と無機分子との反応のように，同一の溶媒に混ざらない場合には，有機溶媒（油相）と水溶液（水相）という互いに混じりあわない二つの溶液間での反応が利用される．

このような場合に有効なのが，**相間移動触媒**（phase transfer catalyst）といわれるものである．相間移動触媒には第四級アンモニウム塩 R_4NX や包接化合物がよく利用され，後者の代表的なものとして**クラウンエーテル**（crown ether）などがある．

図5・11はクラウンエーテルを相間移動触媒として利用した有機合成を模式的に示したものである．クラウンエーテルの酸素部分は水やイオンのような極性分子に親和性があり，それに対して炭素鎖部分は有機溶媒に親和性がある．そのため，水相と有機相の二相からなる混合溶液系にクラウンエーテルを加えると，クラウンエーテルは界面で水相にある金属イオ

クラウンエーテルは王冠の形に似ているので，その名前がついた．エーテルの酸素原子の非共有電子対とアルカリ金属イオンとの間の静電気的な引力によって，環の空孔に適したものを選択的に取込むことができる．たとえば，15C5 は Na^+，18C6 は K^+ を選択的に取込む．

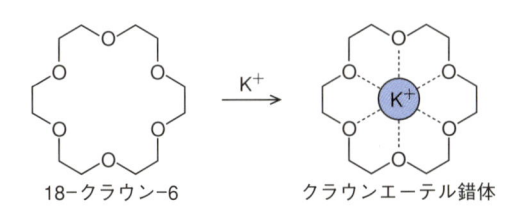

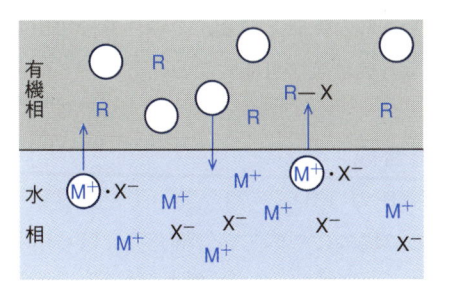

18-クラウン-6（18C6）の 18 は環を構成する原子数（炭素 12＋酸素 6），6 は酸素原子の数を表す．

図5・11 クラウンエーテルによる相間移動触媒

ン（カチオン）を空孔に取込むことができる．そして，対になるアニオンとともに有機相へ移動し，有機分子との反応が実現できる．その後，クラウンエーテルは再び水相の金属イオンを取込み，上記の反応を繰返し行う．

クラウンエーテルに取込まれたカチオンは電気的中性を保つために，対アニオンも同時に有機相へ移動する．これらの対アニオンは有機相中では溶媒和していないので，反応性に富み，特別な反応を起こすことができる．

5. 環境にやさしい有機合成

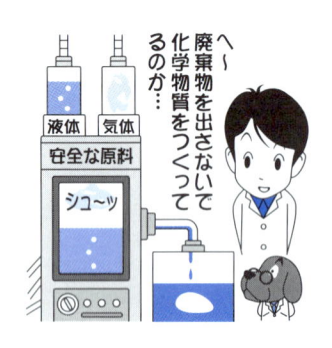

化学物質による環境汚染が問題となっている現在，地球環境に配慮した有機合成が求められている．このように環境にやさしいモノづくりのことを**グリーンケミストリー**（green chemistry）という．有機合成においては，安全性の高い原料と手段を用いて，廃棄物を出さずに効率良く，目的の分子をつくり出すことが重要となる．

環境にやさしい溶媒を用いた有機合成

有機合成では，毒性の強い有機溶媒を利用する．そのため，有機溶媒ではない安全性の高い溶媒を用いる方法が必要となる．最も無害な溶媒といえば水であり，水を利用した有機合成の研究開発が進んでいる．さらに最近では，超臨界流体という物質が溶媒として注目されている．

ポイント！
地球環境に配慮したモノづくりは私たちの社会を持続的に発展させるための重要なポイントとなる．

超臨界流体 とは

物質は固体，液体，気体の三つの状態をとることができる．図5・12(a) に示すように，気体と液体が共存できる"臨界点"以上に，圧力と温度を変化させると，気体と液体との中間的な性質をもつ状態が出現する．このような状態にある物質を**超臨界流体**（supercritical fluid）という．超臨界流体は気体と液体の両方のすぐれた性質を備え，その性質を自由に調節できるので，多様で，高効率な有機合成が可能となる．

超臨界CO_2を利用した有機合成

二酸化炭素は比較的低い温度と圧力（31 ℃，73気圧）で超臨界状態となり（図5・12a），毒性も低いので環境にやさしい有機合成には有用である．しかも，反応に使用したCO_2はリサイクルが可能である．

ここでは，超臨界CO_2自体を原料とした有機合成を見てみよう（図

5．その他の有用な合成反応　77

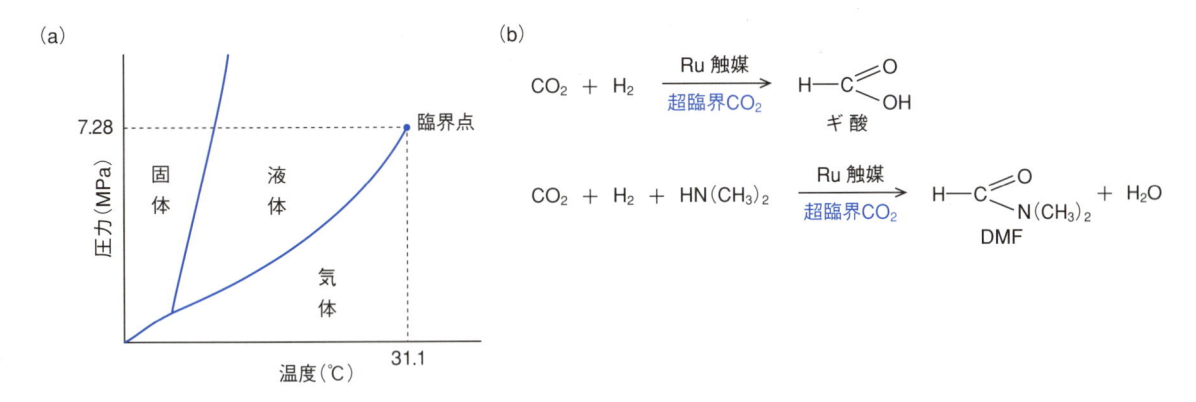

図5・12　二酸化炭素の状態図（a）および超臨界 CO_2 を用いた水素化反応（b）

5・12b）．超臨界 CO_2 は高濃度の水素を均一に溶かすことができるので，Ru 触媒とともに水素を反応させると，CO_2 の水素化が起こり，溶液中での反応に比べて，非常に高い収率でギ酸が生成する．

また，同様の水素化反応をジメチルアミンの共存下で行うとジメチルホルムアミド（DMF）が高収率で生成する．

以上のように，通常の溶液反応では実現できない反応が超臨界流体を利用することで可能となるのである．

DMF は触媒1モルあたり420,000モルの高収量で生成する．

自然環境を利用した有機合成

天然に存在するものを利用すれば，環境にやさしい有機合成が可能となる．ある種の微生物では，私たちにとって有用な物質を合成することができる．その代表例として，抗生物質のペニシリンがあげられるだろう．ペニシリンはアオカビから発見され，世界初の抗生物質として利用された．

図 5・13 に示したように，ペニシリン 1 の構造は複雑であり，これを人工的に合成することは大変であるが，微生物を利用すれば簡単に手に入れることができるのである．また，ペニシリンを出発物として，フェニルグリシン 3 というアミノ酸と反応させれば，アンピシリン 4 という医薬品が簡単に合成できる．

アンピシリンは気管支などの感染症に対して効果がある．

酵素（enzyme）はタンパク質からなる，生物中に存在する天然の触媒である．生体内での反応は一般的な化学反応とは異なり，穏やかな条件で

78　II. 有機合成化学の基礎

効率良く進行するので，酵素を利用すれば環境にやさしい有機合成が可能となる．

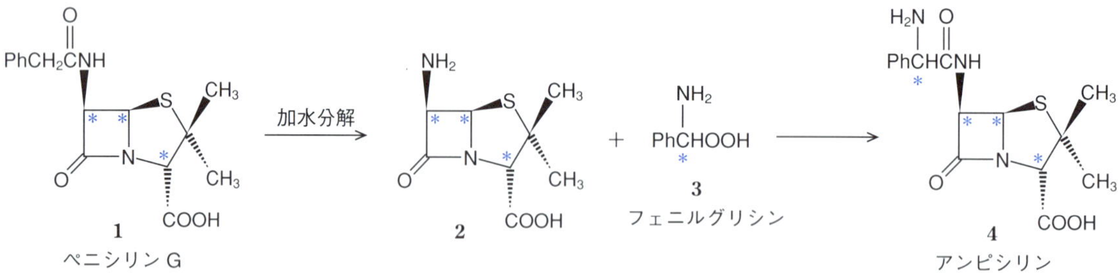

図5・13　ペニシリンGからのアンピシリン合成．＊は不斉炭素

III

合成反応の設計

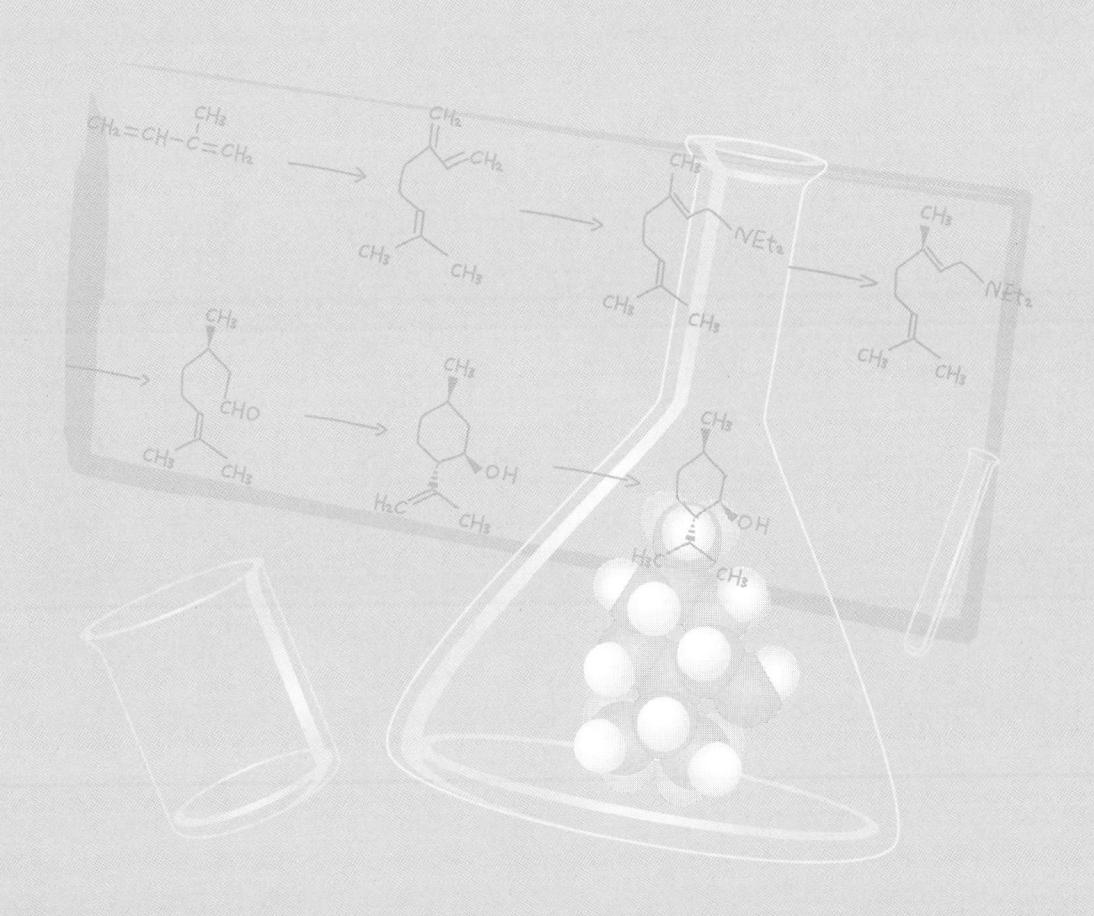

6 単位構造の合成

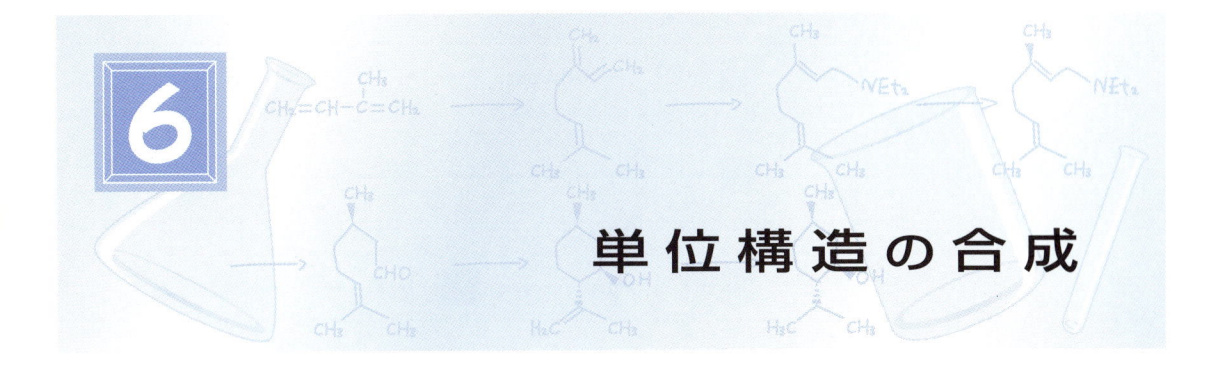

 有機合成では，特に複雑な構造をもつ場合などには，いくつかの単位構造（化学部品）に分けて合成し，最後にそれらを結合することで目的の分子をつくることがある．そのため，望みの単位構造をどのような方法によって手に入れることができるのかを知っておくことは，有機合成において重要である．

 ここでは，これまでに登場した有機反応の範囲内で，単位構造をどのように合成するのかを見てみよう．

1. 1個の炭素の伸長

 有機分子の基本的な構造は炭素骨格と置換基からなる．有機合成では，置換基を変換したり，炭素骨格を長くしたり，短くすることで目的の分子に到達する．まず，ここでは，炭素骨格に炭素1個を伸長する方法を見てみよう．

ポイント！
炭素骨格の伸長は有機合成の重要な要素であるので，基本的な方法はしっかり身につけておこう．

求核付加反応による伸長

 炭素骨格を伸長する方法としては，付加反応が最も直接的である．

A. メチル基の導入

 カルボニル基にメチル基を有するグリニャール試薬を反応させると，炭素骨格が1個伸長したアルコールが生成する（図6・1a）．

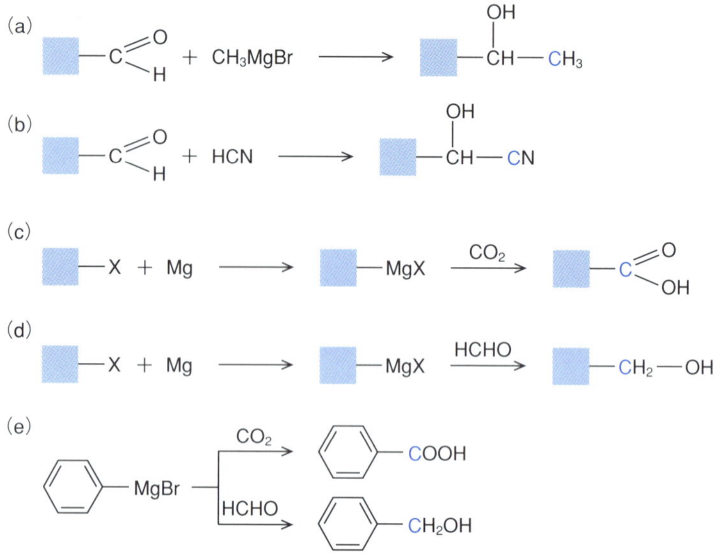

図6・1 求核付加反応による炭素1個の伸長

B. ニトリル基の導入

カルボニル基にニトリルイオン CN^- を求核付加すると，シアノヒドリンが生成する（図6・1b）．

C. グリニャール反応

ハロゲン化アルキル RX をグリニャール試薬 RMgX とし，二酸化炭素と反応させると，カルボン酸となって炭素が1個伸長する（図6・1c）．またホルムアルデヒドと反応すると，アルコールとなって炭素が1個伸長する（図6・1d）．

この反応をハロゲン化ベンゼンに応用すれば，安息香酸（CO_2 との反応），ベンジルアルコール（HCHO との反応）が得られる（図6・1e）．

置換反応による伸長

置換反応によっても炭素骨格を伸長することができる．ベンゼン環をアルキル化する方法は，置換反応にほとんど限られる．

この反応は求核付加反応である．しかし，RX の側から見れば，ハロゲン X が炭素に変換した置換反応と見ることができる．

A. リチウム化合物の反応

ハロゲン化アルキル RX は有機リチウム試薬にすることで，炭素骨格を伸長することができる（図6・2a）．すなわち，RX にリチウムを作用させて RLi とし，ハロゲン化メチルに反応させるとメチル基が導入される．同様の反応をホルムアルデヒドに対して用いれば，CH₂OH を導入することができる（図6・2b）．

(a) ☐—X →(Li)→ ☐—Li →(CH₃X)→ ☐—CH₃

(b) ☐—X →(Li)→ ☐—Li →(HCHO)→ ☐—CH₂—OH

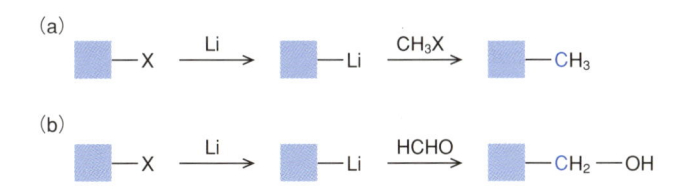

図6・2 有機リチウム試薬を用いた置換反応による炭素1個の伸長

B. フリーデル-クラフツ反応

ベンゼン環に炭化水素基を導入するには，**フリーデル-クラフツアルキル化反応**（Friedel-Crafts alkylation）を用いるのが一般的である．すなわち，塩化アルミニウムの存在下で，ベンゼンと塩化メチルを反応させるとトルエンが生成する（図3・6参照）．

フリーデル-クラフツアルキル化反応は広く利用されているが，炭化水素基を導入する試薬として，ハロゲン化アルキルしか使用できないという制約がある．つまり，ハロゲン化アリールやハロゲン化ビニルとは反応が起こらない．また，ベンゼン環にアミノ基や電子求引基があると反応が起こらない．

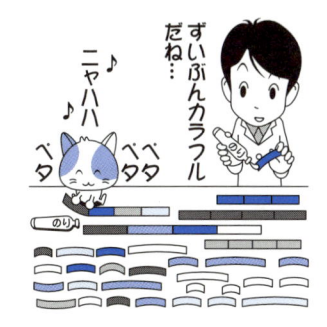

C. サンドマイヤー反応

サンドマイヤー反応を用いるとベンゼン環にニトリル基を導入できる（図4・16参照）．すなわち，塩化ベンゼンジアゾニウムにシアン化銅 CuCN を作用させれば，ベンゾニトリルが得られる．

ウィッティッヒ反応

ケトンやアルデヒドにウィッティッヒ反応を行うと，二重結合炭素を1個伸長できる（図3・19参照）．

2. 複数個の炭素の伸長

炭素骨格の炭素数を望みの数だけ伸長することは，有機合成にとって非

常に重要である．ここでは，複数個の炭素を伸長する方法を見てみよう．

グリニャール試薬，有機リチウム試薬の利用

　グリニャール試薬 RMgX や有機リチウム試薬 RLi のアルキル化剤を利用すれば，炭素骨格を伸長することができる．ここで，アルキル基の種類によって，炭素原子の増加数を決めることができる．

A. 基質がカルボニル基をもつ場合

　基質がカルボニル基をもつ場合には，伸長したい個数だけの炭素骨格をもったグリニャール試薬や有機リチウム試薬を作用させればよい（図6・3a, b）．

B. 基質がハロゲン原子をもつ場合

　基質がハロゲン原子をもつ場合には，基質に金属を作用させて攻撃試薬とする場合と，基質に求核試薬を反応させる場合の二通りが考えられる．

　① 基質を攻撃試薬とする場合：基質がハロゲン原子をもつ場合には，基質に金属 Mg を作用させてグリニャール試薬とし，伸長したい炭素数からなるカルボニル化合物に作用させれば，求核付加反応が起きて，目的の分子が得られる（図6・3c）．

　あるいは，ハロゲン原子をもつ基質に金属 Li を作用させて有機リチウ

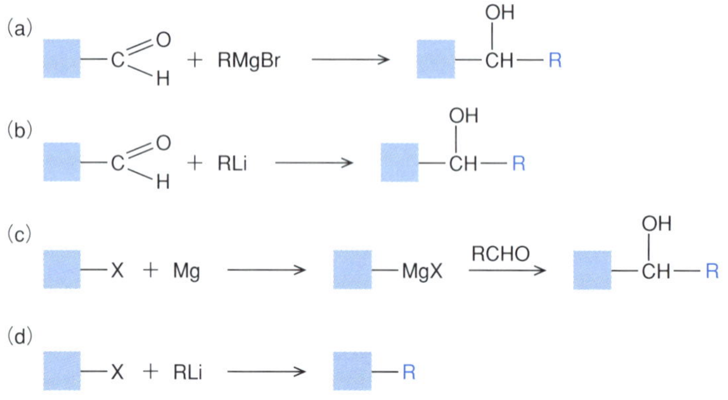

図6・3　グリニャール試薬，有機リチウム試薬による複数個の炭素の伸長

ム試薬とし，適当なカルボニル化合物に反応させても同様の結果になる．
　② 基質が攻撃される場合：基質に，適当な炭素数からなる有機リチウム試薬を反応させれば，求核置換反応が起きて目的の分子が得られる（図6・3d）．

有機金属試薬以外の反応の利用

　有機金属試薬を用いる反応以外によっても，炭素骨格の伸長を行うことができる．

A. ウィッティッヒ反応

　基質にカルボニル基がある場合には，ウィッティッヒ反応が利用できる．すなわち，伸長したい個数だけの炭素からできたウィッティッヒ試薬を基質に反応させれば，二重結合を含んだ炭素骨格として，望みの個数の炭素を増やすことができる（図6・4a）．

ウィッティッヒ反応の詳細については8章を参照．

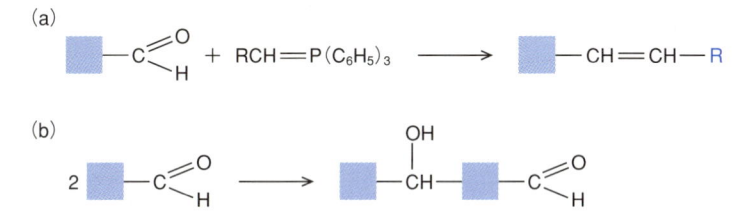

図6・4　ウィッティッヒ反応（a）およびアルドール縮合（b）による複数個の炭素の伸長

B. アルドール縮合

　アルドール縮合は，2分子のアルデヒドが脱水縮合する反応である．したがって特殊な例ではあるが，この反応を利用して基質のアルデヒドに，基質と同じ炭素数の炭素骨格を伸長できる（図6・4b）．

C. エポキシドの利用

　エポキシドは炭素2個からなる環状エーテルであるが，求核攻撃によっ

て開環しやすい．そのため，炭素2個以上の伸長に用いることができる．

① 有機リチウム試薬による攻撃：基質にハロゲンが含まれる場合には基質を有機リチウム試薬に変換し，アルキル基をもつエポキシドを攻撃させれば，炭素骨格が伸長したアルコールが得られる（図6・5a）．

② α炭素による攻撃：基質がカルボニル基をもつ場合には，その隣のα炭素がマイナスに荷電し，求核攻撃を行うことができ，同様に炭素骨格が伸長する（図6・5b）．

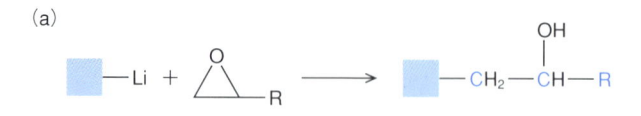

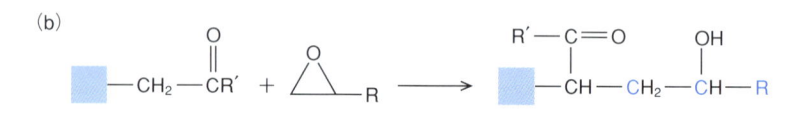

図6・5 エポキシドを利用した複数個の炭素の伸長

ポイント！
環状構造の構築は有機合成において大切なものの一つである．

3. 環状構造の構築

ここでは，環状構造を構築する方法について，炭素のみからなる環とヘテロ原子を含む環に分けて見てみよう．

偶数員環の構築

偶数個の炭素からできた環状分子の構築について見てみよう．

A. 四員環

2分子のエチレンを付加環化反応させれば，四員環をつくることができる（図6・6a）．この反応は光によって起こり，熱によっては容易に進行しない．また，ブタジエンを閉環させる反応を用いてもよい（図6・6b）．この反応は，熱あるいは光で進行させるかによって，生成物の立体配置に違いが生じるので注意を要する．

6. 単位構造の合成　87

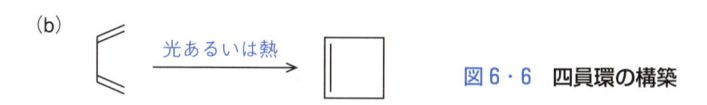

(a) ‖ + ‖ —光→ □

(b) 〈 —光あるいは熱→ □

図6・6　四員環の構築

B. 六員環

六員環を合成するには，ディールス-アルダー反応が便利である．すなわち，ブタジエンとアルケンを熱によって付加環化反応させる（図3・15a 参照）．

ディールス-アルダー反応は立体特異的であり，おもにエンド体の生成物を与えるので注意が必要である．（図3・15b 参照）．

C. 八員環

八員環を合成するには，ベンゼンの光反応を利用するのが便利である．ベンゼンにアルキンを光照射下で付加環化反応させると，四員環をもつ中間体が生じる．しかし，これはただちに四員環を開環して八員環分子となる（図3・17参照）．

奇数員環の構築

炭素数3個，5個の環状分子の合成を見てみよう．

A. 三員環

カルベンを利用すると三員環分子を簡単に合成できる．すなわち，ジアゾ体の分解によって発生したカルベンを二重結合に付加反応させると，一度に三員環を合成することができる（図6・7a）．

カルベンが一重項か三重項かによって，生成物の置換基の立体配置が異なるので注意を要する（3章の「5. 付加還化反応」参照）．

B. 五員環

五員環の合成は，ここまでに紹介した反応では困難である．しかし，図6・7(b) に示した反応を用いれば，アルドール縮合の類似反応を連続的に行うことで五員環を合成できる．

図6・7 三員環 (a) および五員環 (b) の構築

ヘテロ環の構築

ヘテロ環を構成するヘテロ原子には酸素, 窒素, 硫黄, リンなどがある. 多くのヘテロ環分子は脱離反応などを利用して合成できる.

酸素や窒素を含む環は, アルコールの脱水反応, アミンの脱アンモニア反応, および脱ハロゲン化水素で合成できる (図6・8).

ヘテロ環の合成については, 8章も参照のこと.

図6・8 ヘテロ環の構築

また, ラクトン環はカルボキシ基とヒドロキシ基を含む分子の分子内エステル化反応で合成できる (図4・18b 参照). まったく同様に, ラクタム環は分子内アミド化反応で合成できる (図4・19b 参照).

4. 炭素骨格の短縮

ポイント! 炭素骨格の短縮も有機合成において重要である.

炭素骨格の伸長と同様に, それを短縮することも合成にとっては重要な技術である. しかし, 一般に炭素-炭素単結合の切断は容易ではない. そのため, 多くの場合, 二重結合などに変換してから, その部位で切断するという方法が行われる. ここでは, 炭素骨格を短縮する方法について見ていこう.

酸化的切断

二重結合は酸化によって切断することができる．しかし，そのためには，前処理が必要となることもある．

A. 二重結合の切断

二重結合は酸化することによって切断できる（図2・10参照）．この場合，酸化剤の種類によって，切断された炭素がカルボキシ基やホルミル基になったりするので，目的にあった酸化剤を選ぶ必要がある．

二重結合を構成する炭素に何個のアルキル基が結合しているかに応じて，生成物が変わるので注意が必要である．

B. 脱離基をもつ炭素の切断

一般に単結合を切断することは困難である．しかし，単結合を構成する炭素にハロゲン原子，ヒドロキシ基，アミノ基などの脱離基が結合している場合には，それらを脱離して，二重結合を導入すればよい（図6・9）．二重結合が導入されたら，後は前項と同様にして酸化的切断をすればよい．

$$R_2CH-CXR_2 \xrightarrow{-HX} R_2C=CR_2 \xrightarrow{O} R_2C=O$$

図6・9　脱離基をもつ炭素の切断

脱炭酸および脱カルボニル

炭素にハロゲン原子，ヒドロキシ基などがついていて，酸化が可能な場合には，酸化してカルボニル基にすれば，脱炭酸あるいは脱カルボニルによって切断することができる．

A. 脱炭酸

鎖状構造の末端炭素がカルボキシ基になっていれば，脱炭酸によって炭素1個を切断することができる（図2・14a参照）．また，ラクトン環も脱炭酸によって炭素数の1個減少した環状分子に変換できる（図6・10a）．

B. 脱カルボニル

環状ケトンは脱カルボニル反応によって一酸化炭素 C=O を脱離し，炭

図6・10 脱炭酸（a）および脱カルボニル（b）による炭素の切断

素数の1個減少した環状分子になる（図6・10b）.

逆付加環化反応

図2・16（a）に示した逆ディールス-アルダー反応を用いれば，環状分子が切断されて，短い炭素骨格が生成する．ディールス-アルダー反応のときよりも高い温度で生成物を加熱すると元の出発物に分解できる．

5. 官能基の変換

本章でこれまでに見た炭素骨格を伸長・短縮する方法には，アルコールやニトリル，カルボン酸など，官能基を与えるものが多かった．しかし，合成の最終的な目的は，官能基をもたない分子であることもある．ここでは，官能基を水素に変換する反応について見てみよう．

基本方針

炭素骨格から官能基を除くには，脱離反応を用いるのが便利である．官能基を脱離できるものに変換することができれば，脱離反応によって除くことができる．

脱離が可能である官能基としては，ハロゲン原子，ヒドロキシ基，アミノ基などがある．合成反応によって生成する官能基には酸素を含むものが多い．したがって，これらの官能基はヒドロキシ基に還元することを目標とすればよいことになる．また，窒素を含む官能基はアミノ基に還元すればよい．

ポイント！
炭素骨格の伸長・短縮では，官能基を炭化水素基に変換することが最終的な目標となる場合もある．

ニトリル基，ニトロ基の変換

炭素を1個だけ伸長する反応には，ニトリル基の導入があった．ニトリル基を脱離が可能であるものに変換するには，接触水素化や水素化アルミニウムリチウムなどを用いてアミノ基に変換すればよい（図6・11a）．また，加水分解によってカルボキシ基に変換し，その後の反応を検討するのも一つの方法である（図6・11b）．

ニトロ基も，水素化アルミニウムリチウムなどの還元剤を用いて反応させることによって，アミノ基に変換することができる（図6・11c）．

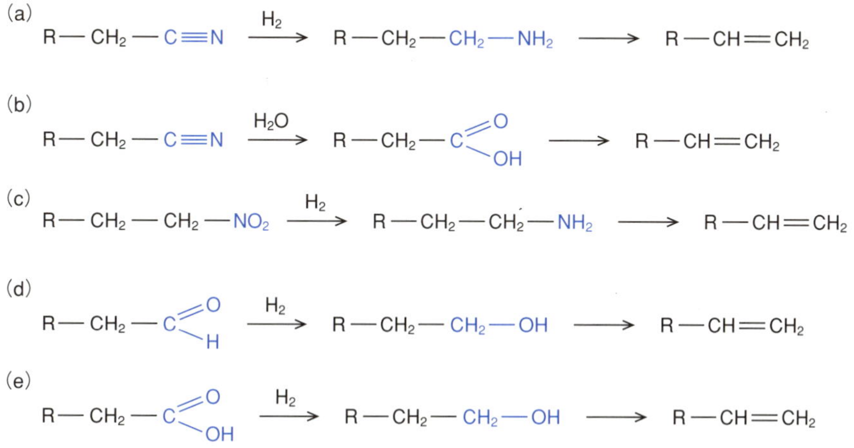

(a) $R-CH_2-C\equiv N \xrightarrow{H_2} R-CH_2-CH_2-NH_2 \longrightarrow R-CH=CH_2$

(b) $R-CH_2-C\equiv N \xrightarrow{H_2O} R-CH_2-COOH \longrightarrow R-CH=CH_2$

(c) $R-CH_2-CH_2-NO_2 \xrightarrow{H_2} R-CH_2-CH_2-NH_2 \longrightarrow R-CH=CH_2$

(d) $R-CH_2-CHO \xrightarrow{H_2} R-CH_2-CH_2-OH \longrightarrow R-CH=CH_2$

(e) $R-CH_2-COOH \xrightarrow{H_2} R-CH_2-CH_2-OH \longrightarrow R-CH=CH_2$

図6・11　官能基の変換

カルボニル基の還元

カルボニル基を還元することは，有機合成における基本的な反応であり，多くの方法が考案されている．

すなわち，ケトンやアルデヒドは接触水素化によって直接的にアルコールに変換できる（図6・11d）．また，カルボン酸などは水素化アルミニウムリチウムなどを用いてヒドロキシ基に変換することができる（図6・11e）．

二重結合への変換と還元

これまでにヒドロキシ基やアミノ基は脱離反応によって取除くことができることを見た．これらの官能基が取除かれた後には，二重結合が導入される．この二重結合を還元して単結合にするには，接触水素化を用いるのが最も簡便である（図6・12）．

$$R-CH=CH_2 \xrightarrow{H_2/Pd} R-CH_2-CH_3$$

図6・12　二重結合から単結合への変換

このような一連の反応を行うことによって，上で見たような官能基を炭化水素基に変換させることができる．

7 有機合成の戦略

　有機合成をマラソンに例えれば，その目指すゴールは"望みの有機分子"となる．それでは，"スタート地点"はどこか？　実は，スタート地点は決まっておらず，どのような出発原料からスタートしてもよいのである．しかし，その選び方によって，合成の難易度は大きく変化する．さらに，ルート（合成経路）も決まっていない．どのようなルートを選ぶ（何段階の合成反応を経る）かによって，合成時間や収率などに影響を与えることになる．

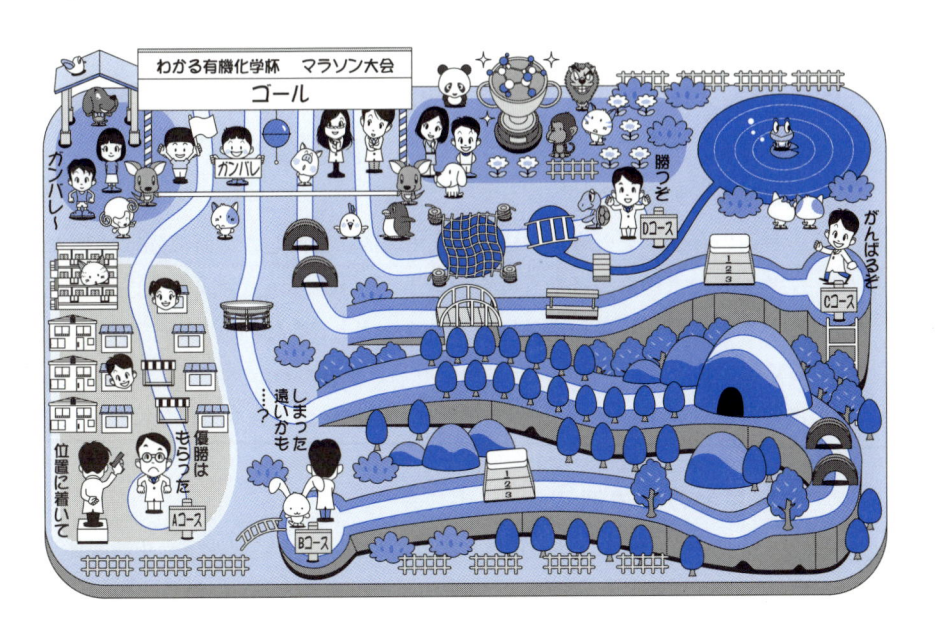

ポイント！
有機合成では，望みの分子を効率良く，純粋な形で手に入れるために，すぐれた戦略（合成反応の設計）が必要である．

このように，有機合成で決まっているのはゴールだけである．そこで，望みの有機分子を手に入れるために，最良のスタート地点とルートを選ぶためのすぐれた戦略が必要となるのである．

1. 分割思考

有機合成では，基本的に，小さく，単純な構造をもつ出発物から，大きく，複雑な構造をもつ有機分子をつくり出すことが目標となる．原料となる出発物は入手可能であるものなら何でもよいが，市販の化学物質を利用できたら，便利である．

そこで，目的の有機分子のなかに，市販の化学物質と類似した構造を発見することは，有機合成の第一ステップとして大変有用なことである．

シントン

有機合成の第一ステップは，目的の有機分子を部分構造に分割して考えることである．どのように分割するかによって，その後の分子設計，合成操作の難易度が大きく変わってくる．

有機分子を分割するには，結合を切断しなければならない．結合の切断には，ラジカル的切断（ホモリシス）とイオン的切断（ヘテロリシス）がある（2章参照）．しかし，有機合成に使われる多くの反応がイオン的なものであることを考えると，分割もイオン的な切断をもとにして考えたほうが便利である．

目的の有機分子を適当な結合でイオン的に切断し，切断部分にプラス，マイナスの電荷をつけたものを**シントン**（synthon，合成素子）という．どのような原子団（原子配列）をシントンとし，また，どの原子をプラスあるいはマイナスにするかは，各自の判断に任される．シントンをどのように設定するかによって，その後の合成の難易度が大きく左右される．

ポイント！
シントンは合成経路を設計するための基本となるものである．

分割思考の具体例

ここでは，どのようなシントンが考えられるかを，アルコール誘導体を例にとって見てみよう．

7. 有機合成の戦略　95

図7・1は，アルコール誘導体 1 を部分構造にするときの，切断位置と電荷の符号を表したものである．

A. 結合の切断

単純に考えれば，分子 1 において切断可能な結合は4箇所ある（図7・1）．これは，切断可能な結合を機械的に切断したものである．各切断によって生じる原子団 2 〜 9 を①〜④に示した．どれも置換基あるいは原子団として合理的なものである．

B. シントン

各原子団にプラス，マイナスの符号をつけたものがシントンになる．図7・1の 10 〜 25 は，結合の切断によって生じた原子団に，機械的にプラス，マイナスの符号を割り振ったものであり，すべてがシントンである．この段階になると，各自の化学的知識が試されることになる．

たとえば，12 は OH$^+$ であるが，このようなイオンは現実的ではない．

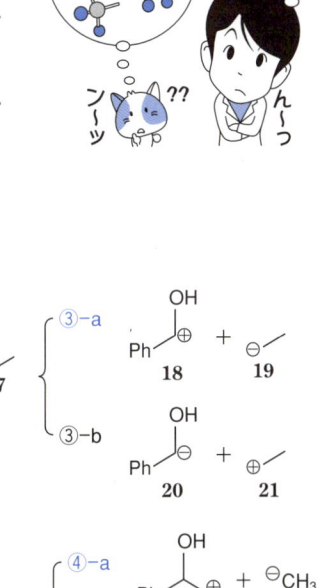

> **ポイント！**
> 実際に，結合切断の位置やシントンについて具体的に考える訓練を行うことは大切である．

図7・1　アルコール 1 の結合の切断位置とシントン

したがって，①-b というシントンの組合わせは考えないほうがよい．②-b のイオン **16**，③-b のイオン **20** も合成は困難なので同様である．

このように，シントンは機械的な処理と化学的な思考によって選ばれる．

2. 合 成 等 価 体

シントンを考えるときには，目的の分子そのものについてではなく，その一部を変化させたものに基づいたほうが，有効な場合がある．このような方法を**官能基相互変換**（functional group interconversion, FGI）という．

また，シントンは思考上の原子団であり，実際に存在するとは限らない．そのような場合には，シントンと同様の反応をする分子や反応中間体，置換基などを見つけることになる．このようなものを**合成等価体**（synthetic equivalent）という．

官能基相互変換

ヒドロキシ基はカルボニル基の還元によって容易に導入できるので，ここでは前節の目的分子であるアルコール **1** をカルボニル化合物 **26** に変換したとしよう（図 7・2）．

26 を **1** と同様に切断すると，⑤〜⑧ までの4通りが考えられる．このうち，⑤ の切断でできるのは酸素原子である．原子は希ガス元素を除けば原子状態で存在することはほとんどない．したがって，原子を有機合成的に扱うのは困難である．したがって，⑤ の切断は除外してよい．

結局，官能基変換によって新しく可能性の生じた切断は，⑥，⑦，⑧ の三通りとなる．また，シントンを考えると，**30** 〜 **35** の6種類が新たに加わったことになる．このうち，⑥-b は Ph^+ があることから，除外してよいことになる．また，イオン **33**，**34** も実際に合成するのは困難なので，今回は ⑦-b，⑧-a も除外することにしよう．

結局，①-a，②-a，③-a，④-a，④-b，⑥-a，⑦-a，⑧-b の8通りの切断の仕方（シントンの組合わせ）が考えられることになる．

図7・2 アルコール 1 を官能基変換したケトン 26 の結合切断の位置とシントン

合成等価体

前節で，目的のアルコール 1 を合成するためのシントンの組合わせとして 8 通りが考えられた．

では，これらのシントンはすべて入手可能なのだろうか？ シントンはイオンであり，一般に入手は困難である．したがって，これらのシントンは適当な分子を利用した反応で合成する必要がある．このような分子を（シントンの）"合成等価体"という．

表 7・1 には，アルコール 1 とケトン 26 を合成するためのシントンおよび合成等価体を示した．ここで，シントンが対応する合成等価体に置き換えることができるのかを見てみる必要がある．

たとえば，10 の OH⁻ は水と適当な塩基の反応によって生成することができる．11 のカチオンはハロゲン化物 36 を用いれば，中間体として生成させることが可能である．たとえ，36 から 11 が生成しなくても，36 にOH⁻ が求核攻撃することができれば，36 は 11 と同様の働きをしている

ポイント!
シントンを現実的なものにする試薬が合成等価体である．

98　III. 合成反応の設計

表 7·1　アルコール 1 とケトン 26 のシントンと合成等価体

シントン	合成等価体	シントン	合成等価体	シントン	合成等価体
⊖OH **10**	NaOH	⊖/ **19**	/MgX	O=/\ **30**	O=/\
Ph-⊕ **11**	Ph-X **36**	Ph-CH(OH)-⊕ **22**	Ph-CH(OH)-CH2-X	Ph-C(=O)-⊕ **32**	Ph-C(=O)-
⊖Ph **14**	PhMgX **37**	⊖CH3 **23**	CH3MgX	Ph-C(=O)-⊖ **35**	Ph-C(=O)-
OH-⊕ **15**	O= **38**	Ph-CH(OH)-⊖ **24**	Ph-C(=O)-CH3		
Ph-CH(OH)-⊕ **18**	PhCHO	⊕CH3 **25**	CH3X		

ことになる．したがって，**36** は **11** の合成等価体となる．

　14 のアニオン Ph⁻ は，ハロゲン化ベンゼンを用いてグリニャール試薬 **37** を調整すれば生成することができる．

　15 のカチオンを発生させることは難しいかもしれない．しかし，アルデヒド **38** はアルデヒドの炭素が求核攻撃を受けて，アルコール誘導体を与える．したがって，**38** は **15** の合成等価体と考えられる．

　以上のような検証によって，もし，合成等価体の見つからないシントンがあったら，そのシントンを用いる合成は不可能であることがわかる．よって，このようなシントンの組合わせは，可能な合成経路から除外しなければならない．

3. 逆合成解析

複雑な分子の合成経路を考える場合，最初に適当な出発物を決めて，そこから目的の分子へと導こうとするのは，非常に困難である．もしも選んだ出発物が適当なものでなかったときには，その合成経路は長く，複雑なものになり，そのうえ収率は低下する．

そのため効率良く合成を行うには，目的の分子を与える一段階前の分子を考えて，それが見つかったら，つぎに合成するための一段階前の分子は何かと，つぎつぎとさかのぼって考えて，最終的な出発物を決める方法が有効となる．

逆合成解析

上記のように，実際の合成経路とは逆の向きにたどって，出発物を決める方法を**逆合成解析**（retrosynthetic analysis）という．この解析法は目的の分子をいくつかの部分構造に大きく切断し，それらの部分構造をさらに分割して，出発物に近づけていく方法である．そして，部分構造が入手しやすいものになったところで，それを出発物として合成を開始する．

合成経路の選択

分子**1**の合成経路を考えてみよう（図7・3）．ここでは，分子**1**を二つの部分に分割し，各部分を個別に合成し，その後，各部分を結合して**1**

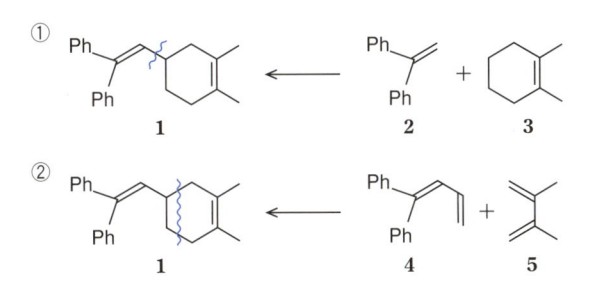

図7・3 分子**1**の合成経路の検討

逆合成解析は両親が将来の理想的な姿（社長）を実現するために，どのような子供時代を経ればいいのか，さかのぼって考えるのに似ている．

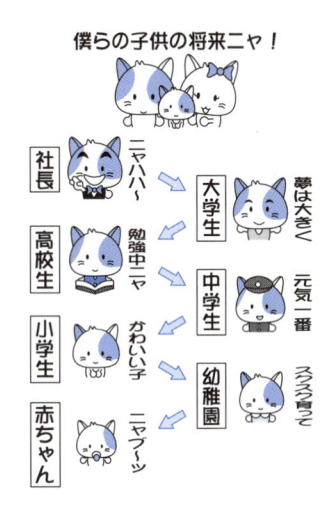

すでに前節で見た「分割思考」が逆合成解析の基本となる．

ポイント！

逆合成解析は最適な合成経路を組合わせて，効率良い有機合成を実現するための有用な方法である．

3 はさらに分解が可能であると思われる.

にする方向で考えてみよう.

① **1** を側鎖と環に分割してみる（図7・3）．その結果，**2** と **3** が生じる．しかし，**2** と **3** を結合させる適当な反応を見つけるのは困難であることがわかる.

② **1** の環を分解する（図7・3）．一見すると環の分解には無理があるかもしれないが，これはシクロヘキセンであり，ディールス-アルダー反応で簡単に収率良く合成できる（図3・15参照）．すなわち，**4** と **5** の反応で合成できると考えられる.

したがって，目的分子の分割は ① ではなく，② に従って行うことになる.

合成経路の各段階の検討

全体的な方針が立ったところで，つぎに合成経路の各段階について具体的に検討してみよう（図7・4）.

1 の側鎖についているフェニル基 Ph はウィッティッヒ反応で導入することができる．そのためには，カルボニル基が必要になるので，**6** を合成しておくと好都合である．**6** はシクロヘキセン骨格なので，ディールス-アルダー反応で合成できる．そのためには，アルデヒド **7** とブタジエン誘導体 **5** を反応させればよい．ここで，**7** は市販品が利用できる.

ディールス-アルダー反応はアルケン部分に電子求引基が付いていたほうが進行しやすいことが知られている．そのためにも，**5** と **4** を反応させるよりも（図7・3），**5** と **7** を反応させるほうが合理的である.

5 は1,2-ジオール **8** の2分子脱水によって合成することができる．そして，**8** はアセトン **9** の光反応で合成することができる.

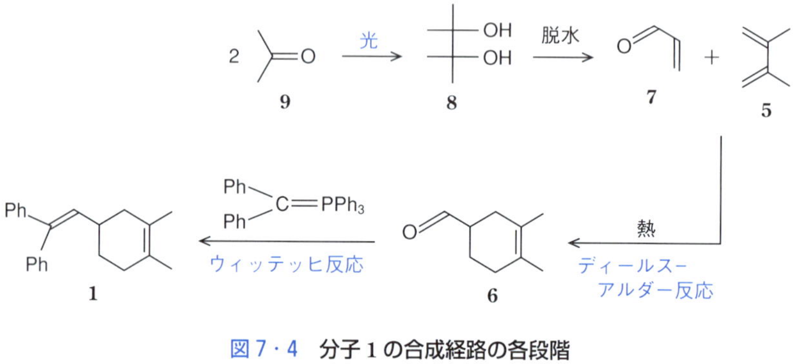

図7・4　分子1の合成経路の各段階

以上の逆合成解析によって，**1** はアセトン **9** を出発物として 4 段階の反応で合成できることになる．

4. 合成経路の設計

どのような合成経路を設計するかによって，効率的な有機合成ができるかどうかが決まる．ここでは，このような目標を達成するために，最も良い合成経路とはどのようなものであるのかを見てみよう．

すぐれた合成経路

以下の三つの要件を満たしたものが，すぐれた合成経路といえる．
① 収率が良い
② 操作が簡単である
③ 合成段階が少ない

段階の短縮

有機合成において，生成物の高収率は大切な要素である．しかし，有機分子の合成は何段階にもわたる反応を経て達成されることが多い．したがって，各段階の収率がどんなに良くても，繰返し行われると，全体の収率は低下することになる．たとえば各段階の収率が 80% でも，それが 6 段階続くと全体の収率は 26% となってしまう（図 7・5a）．

一方，各段階の収率は 70% でも，3 段階ですむなら，全体の収率は 34% である（図 7・5b）．しかも，合成操作は簡便で，時間は短縮され，

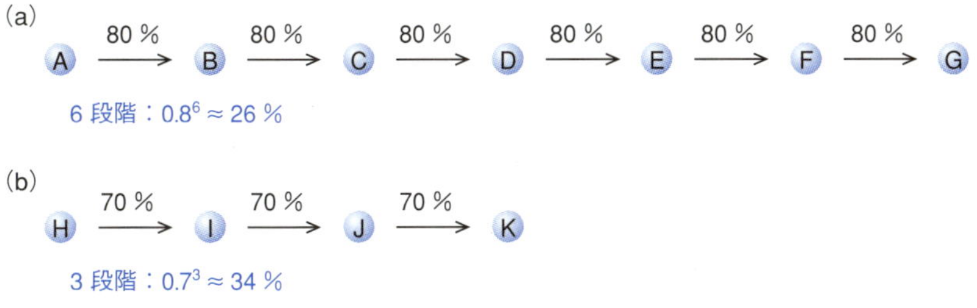

(a) A →80%→ B →80%→ C →80%→ D →80%→ E →80%→ F →80%→ G
6 段階：$0.8^6 \approx 26\%$

(b) H →70%→ I →70%→ J →70%→ K
3 段階：$0.7^3 \approx 34\%$

図 7・5 合成段階の数と収率

使用する溶媒や試薬の量も少なくなるので，環境にやさしい有機合成が可能となる．このように，合成段階の数は，有機合成において大きな意味をもつ．

直線型と合流型

　逆合成解析を行うときに，基本的に異なる二つの考え方がある．一つは，目的の分子を小さな単位で片方から切っていく方法であり，これを"直線型合成法"という．それに対してもう一つは，目的の分子を大きく二つか三つに分割し，それぞれの部分をまた細かく分割していく方法である．この方法では，合成のときに各部分構造が合体して目的の分子になるので，"合流型合成法"という．

　図7・6は，直線型と合流型の方法で合成した場合の収率を比較したものである．簡単のため，各段階を収率70％で進行するものとする．直線型では最初の出発物から目的の分子に到達するまでに4段階の反応を必要

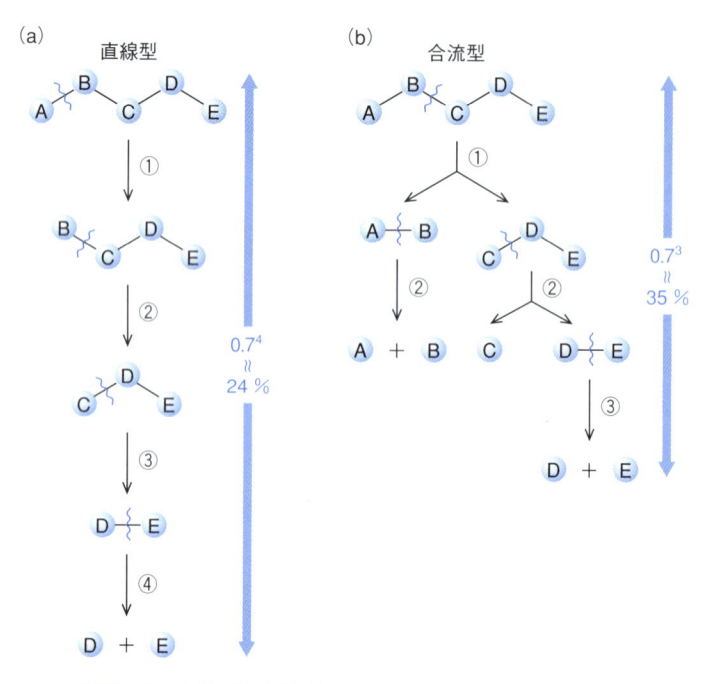

図7・6　直線型合成法（a）および合流型合成法（b）

とし，全体の収率は 24 % である．それに対して合流型では，最も長い経路でも 3 段階であり，全体の収率は 35 % である．

以上のことから，合成経路はできるだけ合流型になるように設計したほうが有利なことがわかる．

環境との調和

地球環境は化学物質の汚染などにより，年々悪化の傾向をたどっている．そのような環境問題を解決するために，化学の分野でも環境に配慮したモノづくり，つまりグリーンケミストリーが提唱されている．そのため，環境にやさしい有機合成であることが，合成経路を設計するための重要な要素となる．

環境にやさしい有機合成についてはすでに 5 章でふれた．

ポイント！

すぐれた合成経路．① 収率が良い，② 操作が簡単，③ 段階が少ない，④ 地球環境にやさしい．

5. 効率的な有機合成のためのテクニック

有機合成を効率良く行うために，さまざまな手段が開発されている．ここでは，いくつかの代表的なものについて見てみよう．

官能基の選択的反応

有機分子には複数の官能基をもつものが多いので，そのうちの一つだけを選択的に反応させて，目的の分子に到達することは有機合成を効率良く行うための重要なポイントとなる．

ここでは，還元剤による官能基の選択的反応について見てみよう．図 7・7 (a) に示した二つのカルボニル基をもつ分子 1 はケトン部分とアミド部分からなっている．ここで，1 のケトン部分だけを還元して目的の分子 2 を得るには，どうしたらよいだろうか？ここでは，還元剤の選択が重要なポイントとなる．

カルボニル基をもつ分子の求核試薬に対する反応性は，図 7・7 (b) に示した順序になり，還元剤に対する反応性もその種類によって違いが現れる．ここで，強い還元剤である $LiAlH_4$ を使用すれば，ケトンとアミドの両方が還元されて目的ではない分子 3 を生成するが，より穏和な還元剤である $NaBH_4$ を使用すれば，反応性の低いアミド部分は還元されず，目

104　Ⅲ. 合成反応の設計

(a)

ケトン　アミド

NaBH₄ → 目的の分子 2（OH, C=O, NR₂）

1 →

LiAlH₄ → 3（OH, NR₂）

(b) 求核試薬に対する反応性 ←

アルデヒド > ケトン > エステル > アミド > カルボン酸

還元剤の反応性： NaBH₄ ／ LiAlH₄

図7・7　還元剤による官能基の選択的反応

的の分子 **2** が生成する．

このように，適切な反応試薬を用いることで，官能基の選択的反応が実現できる．

保護基

上記に示した例のように，反応性の高いほうの官能基に反応を行う場合には適切な反応試薬を用いればよい．しかし，反応性の高いほうには反応させず，反応性の低いほうの官能基にだけ反応を行わせるには，どのようにしたらよいだろうか？

このような場合に利用されるのが**保護基**（protecting group）である．保護基を用いて，官能基と反応させることで，一時的に別の官能基に変換し，目的の反応が終了したら，それを除去することで，元の官能基に戻すのである．

カルボニル基に対する保護基はよく利用されるものである．分子 **1** において，反応性の低いアミド部分のみを還元するとして検討してみよう（図7・8）．

1 にエチレングリコール **2** を作用すると，反応性の高いケトン部分のみ

7. 有機合成の戦略　105

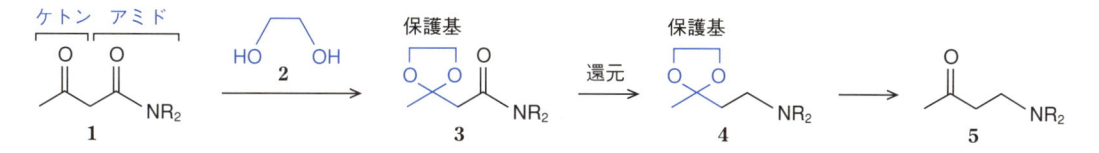

図7・8　保護基を利用した官能基の選択的反応

が反応してアセタール 3 となる．このアセタールが"保護基"となる．つぎに 3 をさらに還元すると，ケトン部分のカルボニル基は保護されているので，反応性の低いアミド部分のみが還元されて 4 が生成する．最後に，アセタールを酸水溶液中でケトンに変換すれば，目的の分子 5 が得られることになる．

　以上のほかに，官能基が適切な位置にくる位置選択性や目的とする立体配置をもつ分子を優先的に合成できる立体選択性，一方の光学活性な分子（エナンチオマー）のみを手に入れることができる不斉合成などは，有機合成を効率良く行うための重要な要素になる．不斉合成については，9 章で具体的にふれる．

アセタールはグリニャール試薬のような塩基性の高い求核試薬に対して安定である．

ポイント！

合成反応におけるさまざまな選択性は効率的な有機合成の実現にとって重要である．

IV

合成反応の実際

8 基礎的な合成反応

　有機合成と反応との間には，どのような関係があるだろうか？ A を原料として B を合成することは，同時に出発物 A とある反応試薬が反応して，生成物 B が生じることを意味している．つまり，有機化学における基本的で重要な反応を理解することによってはじめて，有機合成についてしっかりと学ぶことができる．

　ここでは有機合成を反応と密接に関連させながら，基礎的な合成反応について見てみることにする．

1. プロピンからのケトン，アルデヒドの合成

　アルキンは炭素-炭素三重結合をもつ炭化水素である．ここでは末端アルキン，すなわちプロピンを出発物としたケトンおよびアルデヒドの合成について見てみよう．これには，アルケンの場合と同様に，水銀イオンを触媒とする水の付加反応とヒドロホウ素化-酸化反応による二つの方法が知られている．

水 の 付 加 反 応

　末端アルキン（R－C≡C－H）は硫酸水銀(II)の存在下，希硫酸で処理すると，水銀(II)イオンが触媒として働き，付加反応の速度を増大させ，水が付加する（コラム参照）．この水の付加反応ではマルコウニコフ則に従って，OH はより多くの置換基をもつ炭素原子に結合する（図 8・1a）．

末端アルキンは後述する内部アルキンよりも水の付加反応に対する反応性が低いので，水銀(II)イオン触媒を必要とする．

マルコウニコフ則については，3 章の「3. 求電子付加反応」を参照．

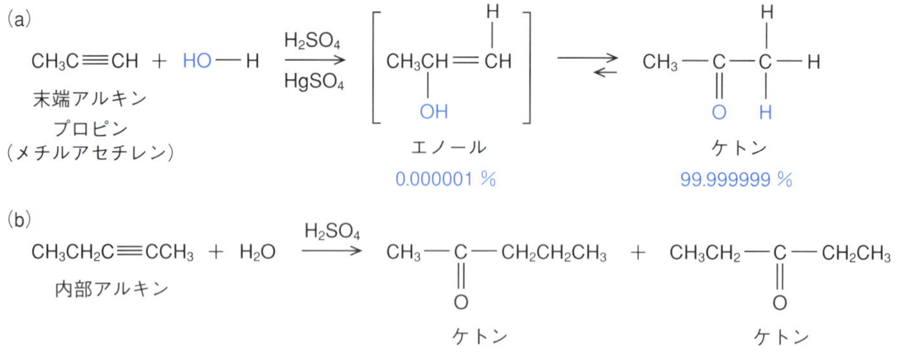

110　Ⅳ. 合成反応の実際

(a)

CH₃C≡CH + HO—H　→(H₂SO₄, HgSO₄)　[CH₃CH=CH(OH)H] ⇌ CH₃—C(=O)—CH₃

末端アルキン
プロピン
（メチルアセチレン）

エノール　0.000001 %
ケトン　99.999999 %

(b)

CH₃CH₂C≡CCH₃ + H₂O　→(H₂SO₄)　CH₃—C(=O)—CH₂CH₂CH₃ + CH₃CH₂—C(=O)—CH₂CH₃

内部アルキン
ケトン　ケトン

図8・1　アルキンへの水の付加反応．(a) 末端アルキン，(b) 内部アルキン

このような現象をケト–エノール互変異性という．

しかし，この場合はエノールは単離されず，速やかに安定なケトンへと異性化する．一方，二つの異なる置換基が結合している内部アルキン（R—C≡C—R′）に水が付加すると，2種類のケトンの混合物が得られる（図8・1b）．

アルキンへの水の付加の反応機構

水銀(Ⅱ)イオンを触媒としたアルキンへの水の付加反応は，以下のように進行する（図1）．

① 水銀(Ⅱ)イオンが末端アルキンに求電子付加して，Hg⁺を含むビニル型のカルボカチオン中間体が生成する．

② このカルボカチオンに水が求核付加し，プロトン化されたエノールが得られる．

③ さらに水によって，エノールからH⁺が取去られ，Hg⁺も置換されて，中性のエノールができる．

最後に，エノールはすぐに互変異性化してケトンになる（図8・1参照）．

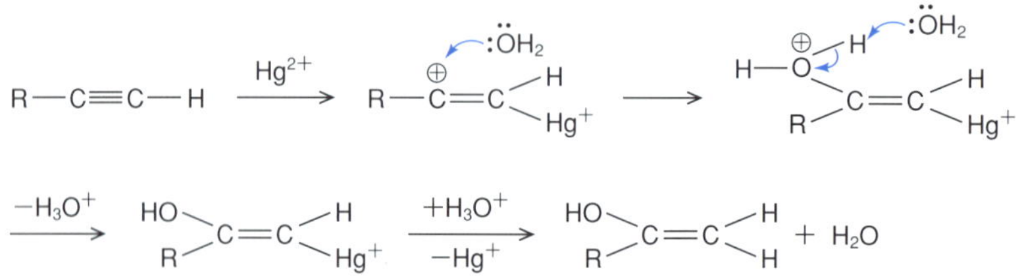

図1　水銀イオンを触媒としたアルキンへの水の付加反応

以上のように，内部アルキン（R-C≡C-R'）を用いた場合には，ケトンの混合物を与えるが，末端アルキン（R-C≡C-H）を用いると1種類のケトン（メチルケトン）のみが生成する．このため，後者は有機合成的にも有用な反応となる．

ヒドロホウ素化-酸化反応

大きなアルキル基で置換されたジシアミルボラン（ビス(1,2-ジメチルプロピル)ボラン）は末端アルケンの反応試薬として開発された．ジシアミルボランを利用すると，最初のアルケニルボランの段階で止まり，第二段階の付加反応を防ぐことができる．

末端アルキン（プロピン）へのジシアミルボランの付加は水素原子が結合しているsp混成炭素に優先的に付加し，水酸化ナトリウム水溶液と過酸化水素とを反応混合物に加えると（**ヒドロホウ素化**（hydroboration）-**酸化反応**），ホウ素がOH基に置換する（図8・2）．すなわち，反応全体としては逆マルコウニコフ則で進行する．生成したエノールは速やかにケト-エノール互変異性を起こし，アルデヒドを与える．

シアミル（siamyl）とはsecondary isoamylに由来する．アミル（amyl）は有機分子の炭素数5（$C_5H_{11}-$）のアルキル基に対して使われる旧称．

内部アルキンを用いた場合にはケトンが生成する．

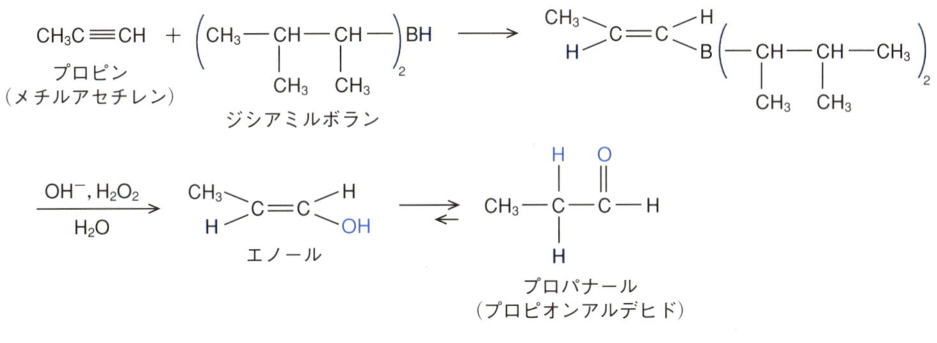

図8・2 末端アルキンのヒドロホウ素化-酸化反応

以上のように，アルケンの場合と同様，水銀イオンを触媒とする水の付加反応の場合はマルコウニコフ則に従い，ヒドロホウ素化-酸化反応のときは逆マルコウニコフ則に従う．また，出発物に末端アルキンを用いた場合，前者の反応はケトンが生成し，後者の反応ではアルデヒドが生成する．

112 IV. 合成反応の実際

2. ブチルアルコールの酸化反応

ポイント!
酸化剤の種類によって，異なる分子が生成することを見てみよう．

第一級アルコールは選択した酸化剤により，アルデヒドあるいはカルボン酸のどちらかに酸化される．ここではブチルアルコールと酸化剤との反応を見てみよう．

クロム酸による酸化

アルコールの酸化に用いられる酸化剤はクロム酸 H_2CrO_4 あるいは酸性水溶液中の三酸化クロム（CrO_3，ジョーンズ試薬）や重クロム酸ナトリウム（二クロム酸ナトリウム，$Na_2Cr_2O_7$）である．

ブチルアルコールとクロム酸の反応ではアルデヒドが生成する段階で止まらず，アルデヒドはさらに酸化されカルボン酸になる（図8・3a）．

(a) $CH_3CH_2CH_2CH_2OH$ →(H_2CrO_4)→ [$CH_3CH_2CH_2CH_2$—C(=O)—H] アルデヒド →(さらに酸化)→ $CH_3CH_2CH_2CH_2$—C(=O)—OH カルボン酸

(b) $CH_3CH_2CH_2CH_2OH$ →(PCC)→ $CH_3CH_2CH_2CH_2$—C(=O)—H アルデヒド

クロロクロム酸ピリジニウム（PCC）

(c) R—C(R(H))(H)—OH + CH_3—S(+)(CH_3)—Cl ジメチルクロロスルホニウムイオン → R—C(R(H))=O + CH_3SCH_3 + HCl ケトンまたはアルデヒド
第一または二級アルコール

図8・3 ブチルアルコールの酸化反応

クロロクロム酸ピリジニウムによる酸化

弱い酸化剤であるクロロクロム酸ピリジニウム（PCC）を用いると，第一級アルコールの酸化はアルデヒドの段階で止まる（図8・3b）．

しかし，クロムは毒性が強いので，ジメチルスルホキシド（$(CH_3)_2SO$），塩化オキサリル（$(COCl)_2$）およびトリエチルアミンを用いる方法が開発されている．このときの酸化剤はジメチルスルホキシドと塩化オキサリルの反応により生じたジメチルクロロスルホニウムイオンである（図8・3c）．

この酸化反応は**スワーン酸化**（Swern oxidation）とよばれ，第一級アルコールの酸化はアルデヒドの段階で止まり，第二級アルコールの酸化ではケトンが生成する．

3. 1,2-ジオールの合成

エポキシドからの 1,2-ジオールの合成

1,2-ジオールの合成はエポキシド（オキシラン）を原料に用いるのがよい．エポキシドは三員環分子であり，環のひずみのために独特の反応性をもっている．

エポキシドはアルケンを有機過酸で処理することで合成できる（図8・4）．有機過酸のOH基の酸素はアルケンのπ結合から電子対を受取り，弱いO−O結合がヘテロリシス（不均一開裂）する．

> ジオールとは炭化水素の2個の水素をヒドロキシ基で置換したアルコール類の総称．

> このエポキシドの合成は結合の形成と開裂が1段階で行われる協奏反応により進行する．

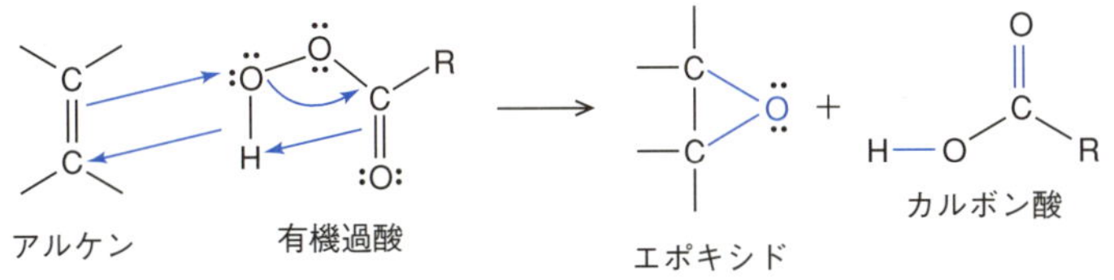

図8・4 アルケンからのエポキシドの合成

エポキシドは室温下，希酸溶液で処理すると，1,2-ジオールに開裂する．つまり，エチレンオキシドは酸によりプロトン化されて非常に反応性が高くなり，H_2O との反応により容易に開裂してエチレングリコールを生成する（図8・5）．

> エチレングリコールは自動車の不凍液などに使用されている．

図 8・5 エポキシドからの 1,2-ジオールの合成

以下では，シクロアルカンエポキシドの立体特異的反応について見てみよう．

ポイント！
反応条件が異なると，シスあるいはトランスのどちらか一方のみが生成することに注意しよう．

トランス-ジオールの合成

シクロアルカンエポキシドが酸水溶液により環が開裂する場合，トランス-1,2-ジオールを与える．

1-メチルシクロヘキセンは m-クロロ過安息香酸と反応させるとエポキシドを与える．酸触媒によるエポキシドの開裂は，シクロヘキサン環の一方の面をエポキシドで遮へいされているので，水の攻撃は反対側の遮へいされていない面から起こり，アンチ生成物であるトランス-1,2-ジオールを与える（図 8・6a）．

図 8・6 1,2-ジオールの合成．(a) トランス形，(b) シス形

シス-ジオールの合成

1-メチルシクロヘキセンと四酸化オスミウム OsO_4 を反応させると、オスミウムの2個の酸素は二重結合の面に対して同じ側から接近してシス（シン）付加により、環状中間体を生成する（図8・6b）。環状オスミウム酸エステル中間体は過酸化水素により加水分解されて、シス-1,2-ジオールを与える。この四酸化オスミウムによる酸化反応は立体特異的に起こり、シス-シクロアルカンジオールのみを生成する。

四酸化オスミウム
（酸化オスミウム(Ⅷ)）

環状中間体は副反応が進行しにくく、高収率でジオールを与える。

4. シクロヘキサノンからの合成

カルボニル化合物の基本的な反応は、ケトンおよびアルデヒドの求核付加反応、カルボン酸の求核アシル置換反応、α置換反応およびカルボニル縮合反応の四つに分類することができる。

ここではシクロヘキサノンを用いて、イリドおよびグリニャール試薬の求核付加反応、αハロゲン化および交差アルドール縮合による合成反応について見ていこう。

ウィッティッヒ反応

すでに見たとおり、ウィッティッヒ反応はケトンおよびアルデヒドとホスホニウムイリドによる反応で、アルケンを合成するための重要かつ有用な反応である。

ウィッティッヒ反応に用いるホスホニウムイリドは、トリフェニルホスフィン $(C_6H_5)_3P:$ のような有機リン試薬と臭化メチルのような第一級ハロゲン化アルキルで調整する（図8・7a）。すなわち、臭化メチルがリン原子により S_N2 反応を受け、つぎにブチルリチウム BuLi の強塩基処理によってホスホニウムイリドを生成する（図8・7b）。リン原子は価電子を8個以上もつことができることから、ホスホニウムイリドは二重結合で書くことができる。

このイリドとシクロヘキサノンを反応させると、メチレンシクロヘキサンを与える（図8・8a）。このように、ウィッティッヒ反応はカルボニルの二重結合の酸素とホスホニウムイリドの二重結合の炭素との置換反応で

現在では、合成ビタミンAの多くはウィッティッヒ反応経路で工業的に合成されている。

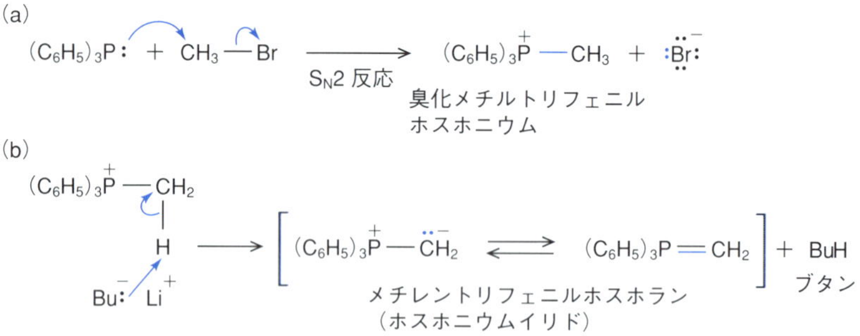
(a)
$(C_6H_5)_3P$ ＋ CH_3—Br
S_N2 反応
$(C_6H_5)_3\overset{+}{P}$—CH_3 ＋ Br^-
臭化メチルトリフェニルホスホニウム
(b)
$(C_6H_5)_3\overset{+}{P}$—CH_2—H
Bu⁻ Li⁺
$(C_6H_5)_3\overset{+}{P}$—$\overset{-}{C}H_2$
$(C_6H_5)_3P$＝CH_2
＋ BuH
ブタン
メチレントリフェニルホスホラン
（ホスホニウムイリド）

ホスホニウムイリドは隣接にプラスとマイナスの電荷をもつ双極化合物である．

図 8・7　ウィッティッヒ反応に用いるホスホニウムイリドの調整

ある．

ウィッティッヒ反応は［2＋2］付加環化反応である（図 8・8b）．ホスホニウムイリドがケトンに付加して，双極化合物を与え，環状中間体を生成する．環状中間体はトリフェニルホスフィンオキシドの脱離によってアルケンが生成する．

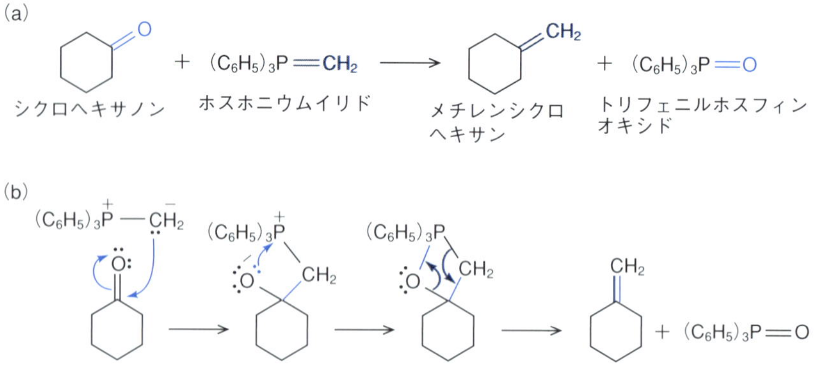
(a)
O
＋ $(C_6H_5)_3P$＝CH_2
CH_2
＋ $(C_6H_5)_3P$＝O
シクロヘキサノン
ホスホニウムイリド
メチレンシクロヘキサン
トリフェニルホスフィンオキシド
(b)
$(C_6H_5)_3\overset{+}{P}$—$\overset{-}{C}H_2$
O
$(C_6H_5)_3\overset{+}{P}$
CH_2
$(C_6H_5)_3P$
CH_2
CH_2
＋ $(C_6H_5)_3P$＝O

図 8・8　シクロヘキサノンのウィッティッヒ反応（a）およびその反応機構（b）

シクロヘキサノンとグリニャール試薬との反応

カルボニル化合物とイリドとの反応では，アルケンのみを与える．一方，グリニャール試薬とシクロヘキサノンの反応では，付加生成物は第三級アルコールとなり，強酸で処理すると脱水が起こって，2 種類のアルケンの

混合物を与える．酸触媒による脱水はザイツェフ則に従い，多置換アルケンが主生成物である．すなわち，メチレンシクロヘキサン（二置換）ではなく，1-メチルシクロヘキセン（三置換）が主生成物となる（図8・9）．

ザイツェフ則については，2章の「4. 脱離的切断」を参照．

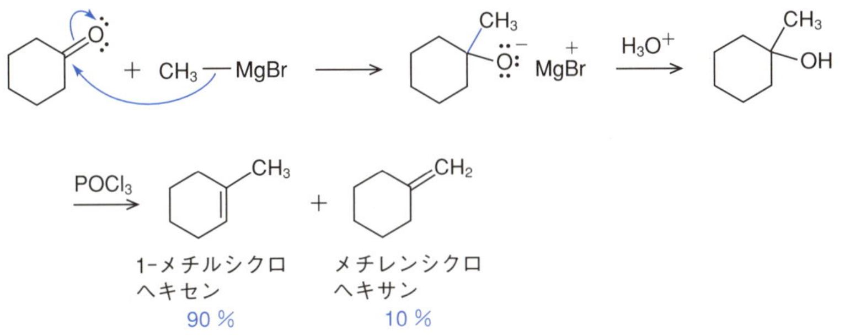

図8・9 シクロヘキサノンとグリニャール試薬の反応

α ハロゲン化

ケトンおよびアルデヒドに酸性溶液中で Cl_2, Br_2, I_2 を加えると，カルボニルのα位がハロゲン化される．溶媒には酢酸が用いられ，ハロゲンとしては臭素が最もよく使われる．この反応は中間体としてエノールを経由して進行する典型的な**α置換反応**（α-substitution reaction）である（図8・10）．

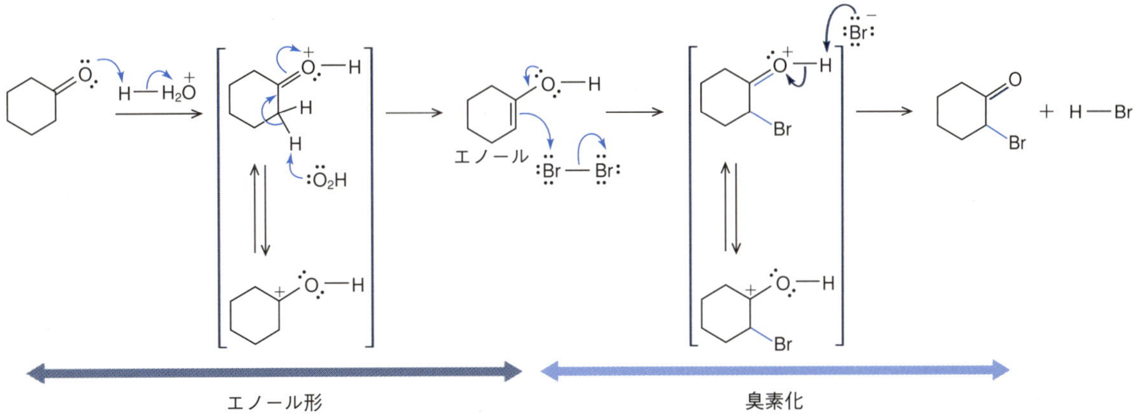

図8・10 αハロゲン化（α置換反応）

118 IV. 合成反応の実際

交差アルドール縮合

アルドール縮合については，すでに3章で見た．ここでは，異なる種類のカルボニル化合物間での反応，つまり**交差アルドール縮合**（cross-aldol

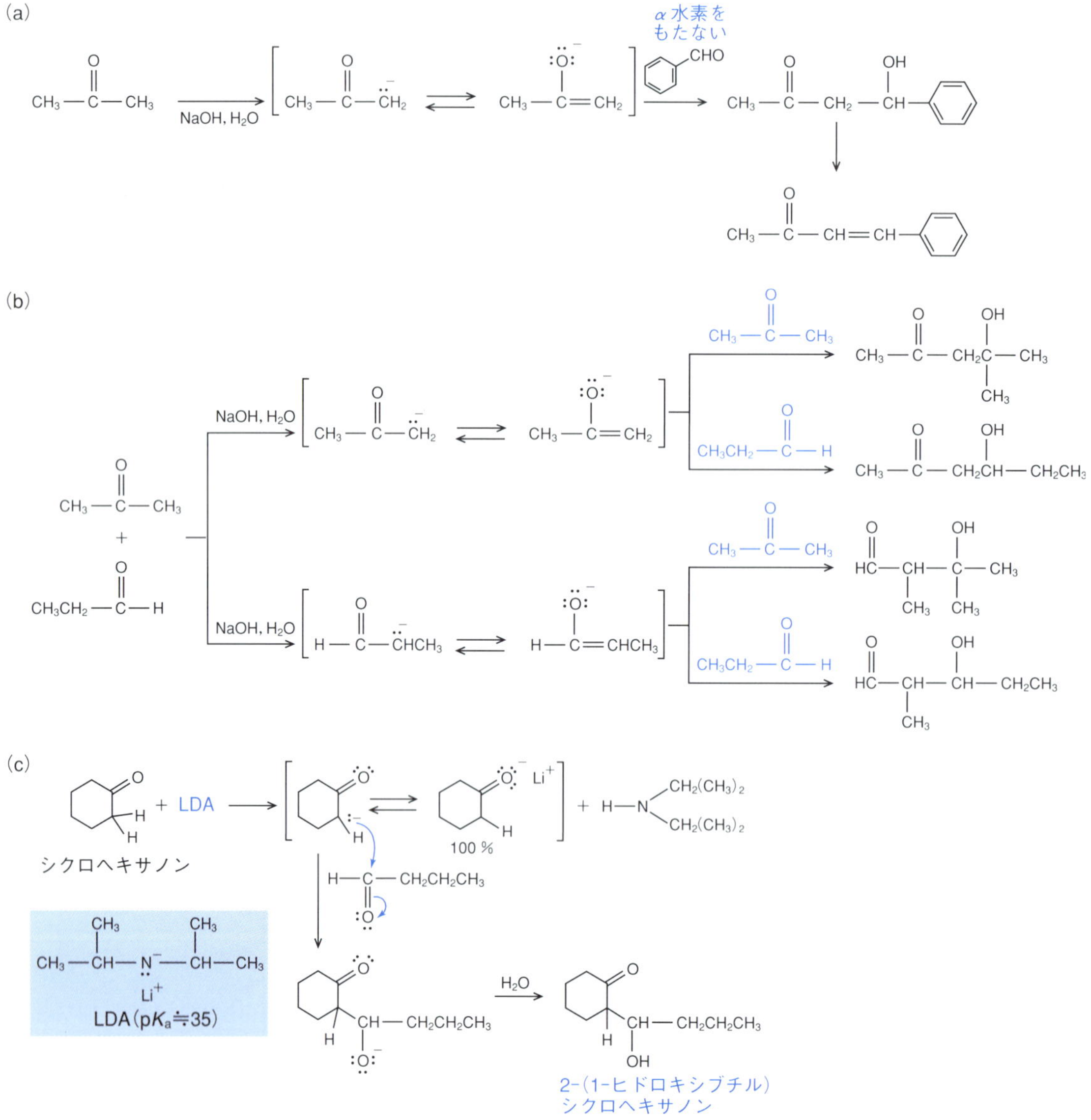

図8・11 交差アルドール縮合

condensation）について見てみよう．

　α水素をもたないアルデヒドとα水素をもつカルボニルとの間で塩基性触媒下，交差アルドール縮合を行うと，α,β-不飽和カルボニル化合物を与える（図8・11a）．

　一方，α水素をもつ二つの異なるカルボニル化合物を交差アルドール縮合の原料として用いると，それぞれのカルボニル化合物からエノラートが生成し，4種類の縮合生成物が得られる（図8・11b）．

　また，ともにα水素をもつシクロヘキサノンとブチルアルデヒド C_3H_7CHO との反応において，単一の交差アルドール縮合生成物を得るには，ある条件下での反応が必要となる．ここで，リチウムジイソプロピルアミド（LDA）のような強塩基を用いると，シクロヘキサノンのα水素が引き抜かれ，完全にエノラートに変換することができる．

　上記のシクロヘキサノンとLDAの反応溶液中にはアルドール縮合に必要なカルボニルは存在しない．ここで，カルボニル化合物であるブチルアルデヒドをゆっくり加えると，エノラートを生成する．さらに，エノラートのマイナスの電荷を帯びた酸素原子は溶媒によってプロトン化され，2-(1-ヒドロキシブチル)シクロヘキサノンのみが生成する（図8・11c）．

エノラートとは，カルボニル化合物の互変異性においてエノールのヒドロキシ基の水素が金属に置換された化合物のことをいう．図8・11ではエノラートアニオンの形で示されている．

シクロヘキサノンのα水素が解離するときの pK_a は17である．

5. トルエンからの合成

　ここでは，芳香環についているアルキル基の酸化反応とラジカル置換反応による臭素化について見てみよう．

酸化反応と臭素化反応

　ベンゼンは不飽和性をもっているにもかかわらず，強い酸化剤である過マンガン酸カリウム $KMnO_4$ の酸化反応は起こらない．しかし，トルエンは $KMnO_4$ によりメチル基が酸化されて安息香酸になる．さらに，安息香酸を臭素化するとカルボン酸（-COOH）はメタ配向性であるので，m-ブロモ安息香酸を与える（図8・12）．

　それでは，トルエンから出発して，p-ブロモ安息香酸を合成するにはどうしたらよいか？トルエンのメチル基はオルト・パラ配向性であるか

トルエンを例にして，配向性について見てみよう．

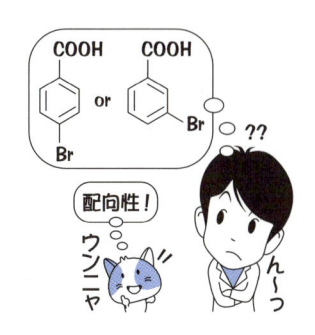

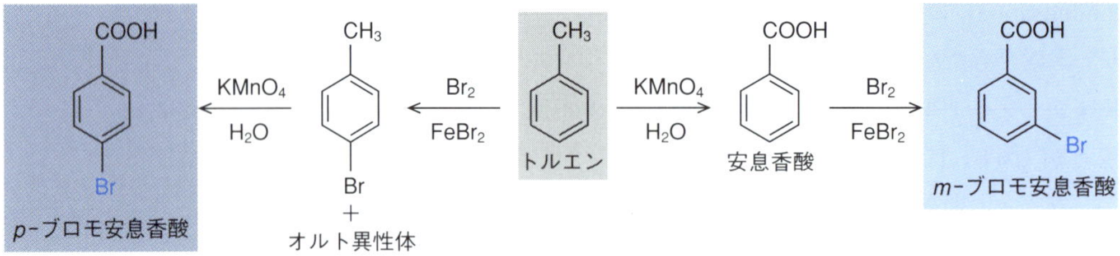

図8・12 トルエンからのブロモ安息香酸の合成

ら，臭素化するとp-ブロモトルエンとo-ブロモトルエンを与える．これらの異性体を分離精製した後，KMnO₄による酸化反応によりp-ブロモ安息香酸を合成することができる（図8・12）．

N-ブロモスクシンイミドによるラジカル置換反応

N-ブロモスクシンイミド（NBS）は臭素化によく用いられている．NBSによるラジカル置換反応は，NBSのN−Br結合が最初にラジカル的切断することから始まり，臭素ラジカルを生成する（図8・13a）．NBSからラジカルが生成するために，光，熱あるいは過酸化物を必要とする．

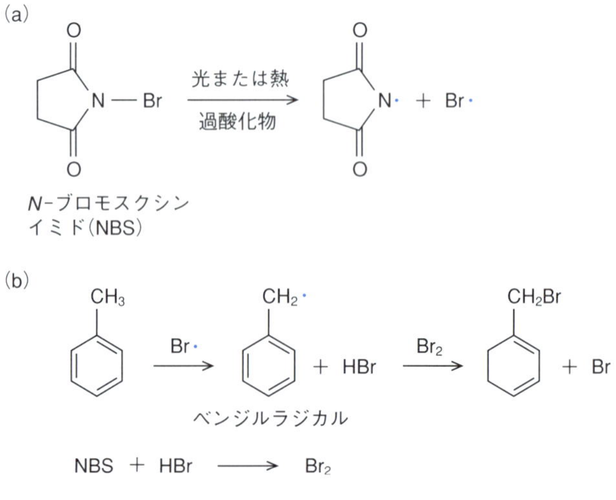

図8・13 N-ブロモスクシンイミド（NBS）によるラジカル置換反応

臭素ラジカルがトルエンのメチル基の水素原子を引き抜き，ベンジルラジカルとHBrが生成する（図8・13b）．さらに，NBSとHBrによって生成するBr$_2$とベンジルラジカルとが反応して，催涙性液体である臭化ベンジルが生成する．

6. アニリンのニトロ化反応

アニリンは染料や医薬品などの原料として利用されている．ここではアニリンを出発物とした合成反応について見てみよう．

アニリンからの p-ニトロアニリンの合成

アニリンを直接，混酸（硝酸＋硫酸）でニトロ化すると酸化あるいは炭化が起こるので，アミノ基を混酸から保護する必要がある．そこで，アミノ基を保護するために，アセチル化反応がよく利用される．

図8・14に示すように，アニリンを酢酸でアセチル化すると，アセトアニリドが得られる．アセトアニリドを混酸でニトロ化すると，アセチルアミノ基は強いパラ配向性であり，主生成物はパラ体であるが，少量のオルト体も副生する．ニトロ化後，保護基は酸触媒による加水分解で取除かれ，ニトロアニリンを生じる．

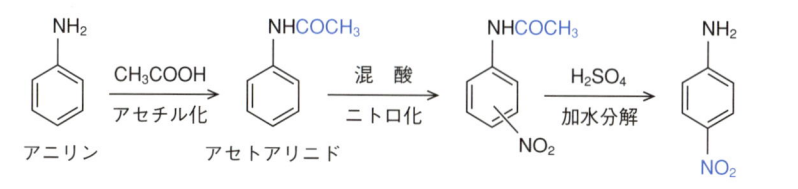

図8・14 アニリンのニトロ化

7. ヘテロ環化合物の合成

現在知られている有機分子の半分以上がヘテロ環化合物であり，これら

ラジカルの安定性については，図2・3を参照.

ポイント！

アニリンのニトロ化では，保護基が使用される．

アセチル化剤としては酢酸，無水酢酸，塩化アセチルのいずれでもよいが，塩化アセチルが最も強力なアセチル化剤である．

パラ体とオルト体の混合物はエタノール溶液の再結晶により分離精製することができる．すなわち，o-ニトロアニリンはエタノールに対する溶解度が高いので母液に残り，p-ニトロアニリンのみが結晶として得られる．また，混合物の分離精製にはカラムクロマトグラフィーあるいは液体クロマトグラフィーを用いることもできる．

酸素を含むヘテロ環化合物

は私たちの日常生活と密接にかかわっている．ここでは，酸素，窒素を含むヘテロ環化合物の合成について見てみよう．

酸素を含むヘテロ環化合物

酸素を含むヘテロ環化合物の基本的なものとして，環状エーテルやラクトンなどがある．これらは，同じ分子内にある二つの官能基どうしの反応により生成する．

環状エーテルの合成

エーテルの合成はハロゲン化アルキルとアルコキシドイオンとのウィリアムソンのエーテル合成が最もすぐれた反応の一つである．したがって，環状エーテルは同一分子内にハロゲン化アルキルとアルコールの両者をもつ反応物から合成することができる．

ウィリアムソンのエーテル合成に用いるアルコキシドイオンは，金属ナトリウムまたは水素化ナトリウム NaH を用いてアルコールからプロトンを引き抜くことにより得られる（図8・15a）．

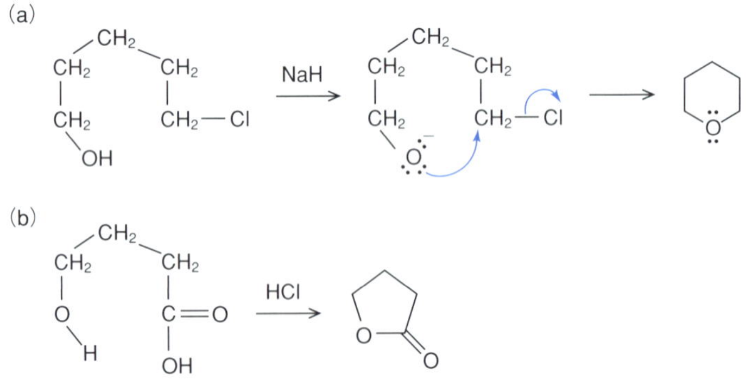

> ウィリアムソンのエーテル合成については，4章の「6. その他の官能基の導入」も参照のこと.

図8・15 環状分子の合成．(a) 環状エーテル，(b) ラクトン

また，環状エーテルの環の大きさは官能基間の炭素数で決まり，五員環および六員環のものが安定であり，容易に生成することができる．

> 三員環と四員環は環にひずみがあるために不安定で，その生成は容易ではない．

ラクトンの合成

ラクトンは同一分子内にカルボン酸とアルコールの官能基をもつ反応物から酸触媒反応で合成することができる（図8・15b）．

窒素を含むヘテロ環化合物

窒素を含むヘテロ環化合物の多くは，医薬品として知られている．ここでは，これらのうちで最も基本的な分子であるピリジンとキノリンの合成について見ることにする．

医薬品としては，ペニシリン（抗生物質），インドメタシン（消炎鎮痛剤）などがある．また，多くの天然物はヘテロ環化合物であり，カフェイン（茶の葉，コーヒー豆などに含まれる），ニコチン（タバコの葉に含まれる）などがある．

ピリジンの合成

ピリジンは直接的に合成する実用的な方法はない．工業的には石炭タールからの製法により得られ，必要な量を十分に確保できる．

ピリジンの実験室的な合成は図8・16に示すように，1,3-ジシアノプロパンを $LiAlH_4$ で還元すると，1,5-ジアミノペンタンが得られるが，これを蒸留するとピペリジンを与える．つぎに，脱水素剤として酢酸銀を用いて硫酸中，300 ℃で7時間加熱すると，脱水素してピリジンを合成することができる．

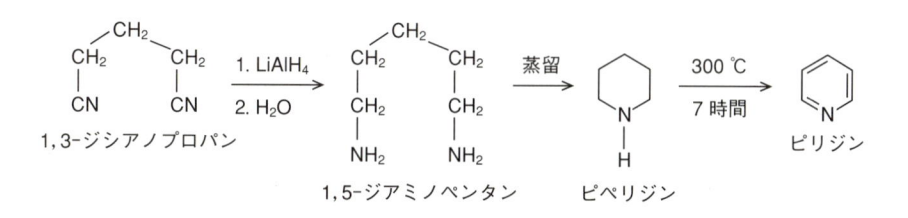

図8・16 ピリジンの実験室的な合成

キノリンの合成

キノリンの合成方法は古くから発見者の名前がついた**スクラウプ合成法**（Skraup synthesis）としてよく知られている．

この反応の第一段階はグリセロール（グリセリン）の硫酸による脱水で，アクロレインを生じる（図8・17a）．さらに，α,β-不飽和カルボニル化合物であるアクロレインのβ炭素の電子密度が薄いので，アニリンの窒素

キノリンは染料，医薬品合成の原料として重要である．

と結合して，アクロレインアニリンが生成する（図8・17b）．

最後に，アクロレインアニリンの末端アルデヒド炭素はアニリンのオルト位の炭素と反応してキノリンを生成する（図8・17c）．

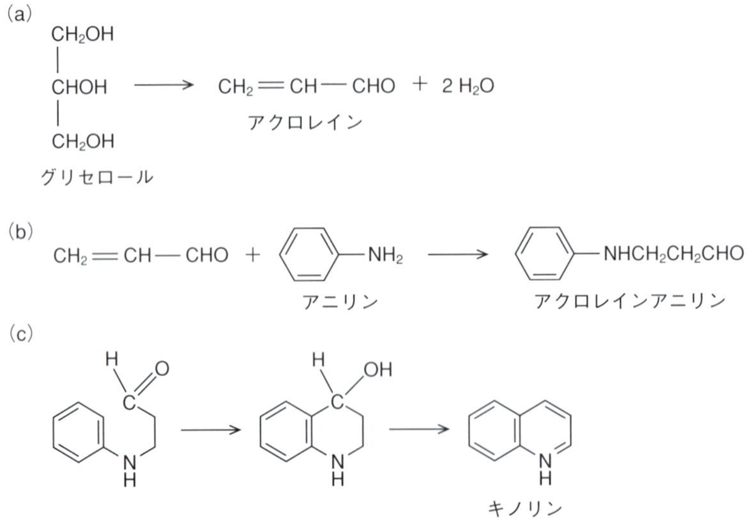

(a)
$$\begin{array}{c} CH_2OH \\ | \\ CHOH \\ | \\ CH_2OH \end{array} \longrightarrow CH_2=CH-CHO + 2H_2O$$
グリセロール　　　　　　アクロレイン

(b) $CH_2=CH-CHO$ + ⟨C₆H₅⟩-NH₂ ⟶ ⟨C₆H₅⟩-NHCH₂CH₂CHO
　　　　　　　　　　アニリン　　　　　アクロレインアニリン

(c)

図8・17　キノリンの合成

9 応用的な合成反応

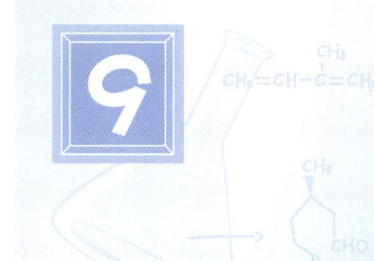

これまでに数多くの有機分子が人工的に合成されている．それらのすべてが人体に有用なものばかりではなく，毒性を示すものもある．

ここでは，私たちの生活に密接にかかわる有機分子のなかから，食品添加物，医薬品，除草剤および香料の代表的な例を取上げて，その合成について見てみよう．

1. サッカリンの合成

サッカリン（saccharin）は人工甘味料の一つで，食品添加物に指定されている．甘味は砂糖の 500 倍あり，甘味料としての使用は微量で十分であるが，大量に使用すると苦味を感じることもある．

トルエンからのサッカリンの合成

トルエンからの 4 段階の反応で遊離型サッカリンを合成することができる（図 9・1）．この反応の第一段階はトルエンにクロロスルホン酸 $HOSO_2Cl$ を作用させ，o-トルエンスルホン酸クロリドとそのパラ異性体が生じる反応である．反応溶液を $-3 \sim -5\,℃$ に冷却すると大部分のパラ異性体は結晶として析出するので，油状のオルト異性体を分離することができる．第二段階では，これにアンモニアを作用させると，o-トルエンスルホン酸アミドが生じる．つぎに過マンガン酸カリウム $KMnO_4$ で酸化して，o-スルファモイル安息香酸とする．さらに，HCl で処理すると閉

ポイント！
身近な化学物質を例にして，有機合成に関する応用力を養おう．

1960 年代に食品の発がん性が問題となったとき，サッカリンに弱い発がん性があると考えられ一度は使用禁止になった．しかし，その後の動物実験の結果，発がん性は認められなかった．現在では，清涼飲料水，冷菓，漬物などの甘味料として使用されている．

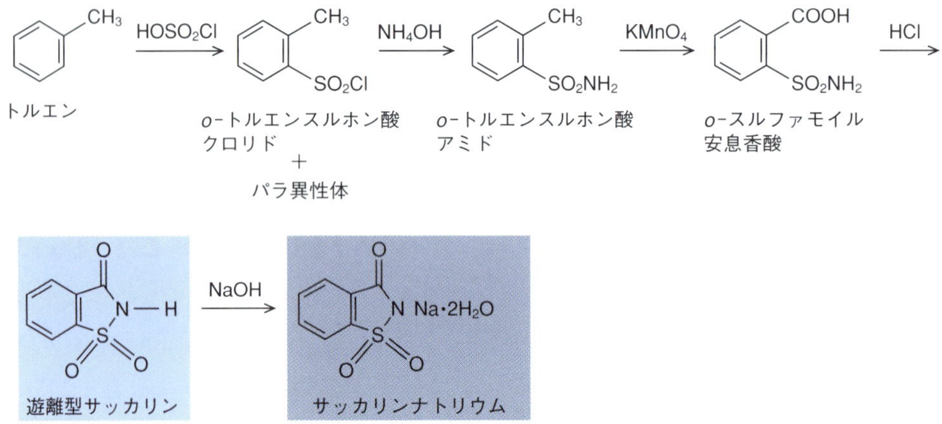

図9・1 サッカリンの合成

環して遊離型サッカリンが得られる．最後に，遊離型サッカリンをアルカリで処理すると，水溶性のサッカリンナトリウムが得られる．

2. アスピリンの合成

アスピリン（aspirin）は最も広く一般に知られる抗炎症・鎮痛剤である．アスピリンは**アセチルサリチル酸**（acetylsalicylic acid）の医薬品名であり，サリチル酸のアセチル化によって得ることができる．サリチル酸はo-トルイジンあるいはフェノールから合成することができる．

> アスピリンは1897年ドイツの化学会社バイエルにより商品化され，現在でも使用され続けている．
>
> アセチルの"ア"とメドウスイート（セイヨウナツユキ草）の蕾（つぼみ）から分離されるスピル酸（サリチル酸と同じ物質）から「アスピリン」と名づけられた．

o-トルイジンからのサリチル酸の合成

o-トルイジンをジアゾ化し，ジアゾニウム塩とし，これを塩化第一銅溶液で処理するとo-クロロトルエンが生じる．つぎに過マンガン酸カリウムを用いて酸化し，o-クロロ安息香酸とし，これをアルカリ溶融するとサリチル酸（o-ヒドロキシ安息香酸）が得られる（図9・2a）．

フェノールからのサリチル酸の合成

サリチル酸の工業的合成はフェノールを原料とするコルベ-シュミット

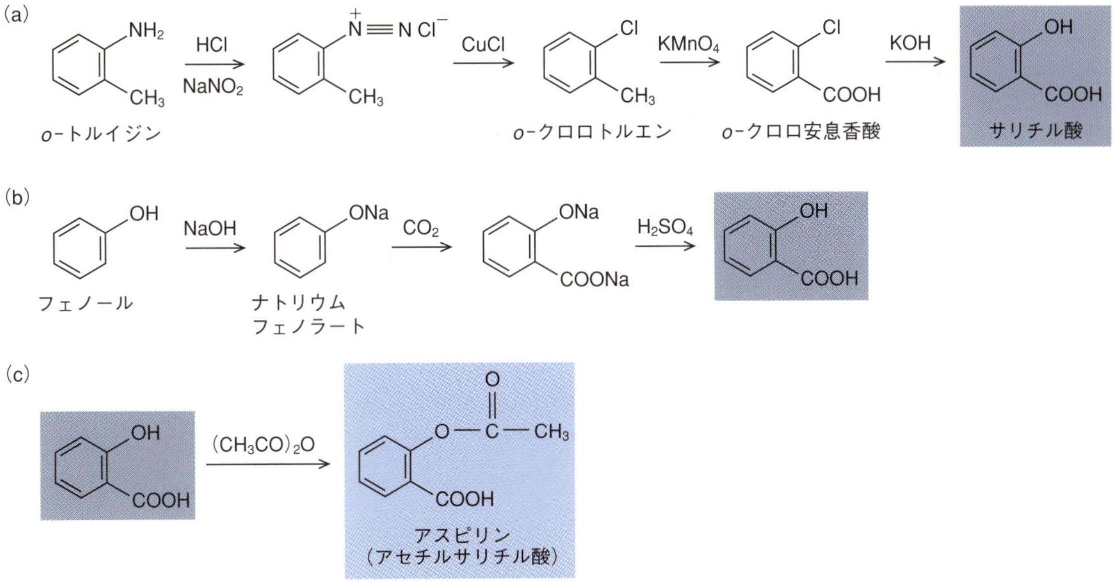

図 9・2 アスピリン（アセチルサリチル酸）の合成

(Kolbe‒Schmitt) カルボキシ化による合成法が一般的である．すなわち，ナトリウムフェノラート（ナトリウムフェノキシド）を加圧下で二酸化炭素と反応させるとサリチル酸のナトリウム塩が生じ，これを酸性化するとサリチル酸が得られる（図 9・2b）．

アスピリンの合成

無水酢酸を用いてサリチル酸をアセチル化すると，アセチルサリチル酸（アスピリン）が得られる（図 9・2c）．

3. サルファ剤の合成

サルファ剤（sulfa drug）は化学療法剤であり，現在までに数千もの誘導体が合成されている．そのなかでもスルホンアミドの窒素にチアゾール，ピリミジン，ピリダジン，イソオキサゾールなどのヘテロ環が結合した誘導体は，ドイツの薬理学者ドーマク（Domagk）（1939年度ノーベル医学生理学賞）と化学者ミーチェ（Mietzsch）により研究開発された．

導体は（図9・3），抗菌剤として重要な分子である．

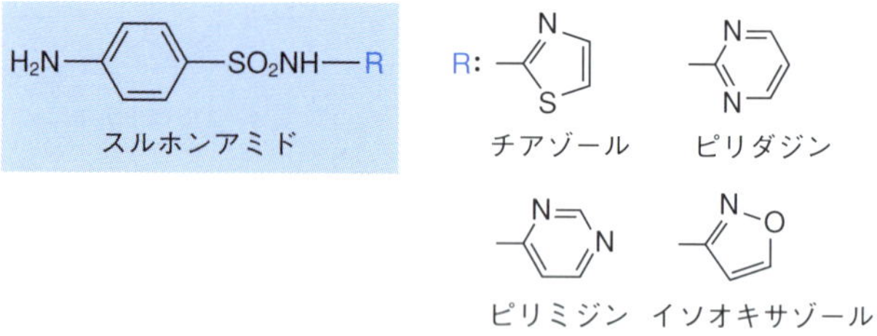

図9・3　スルホンアミド誘導体

ここではサルファ剤として最もすぐれたスルファチアゾールの合成について述べる．スルファチアゾールは4-アセトアミノベンゼンスルホン酸クロリドと2-アミノチアゾールとの縮合反応により合成することができる．

アミノチアゾールの合成

2-アミノチアゾールは1,2-ジクロロエチルエチルエーテルとチオ尿素との反応により収率良く合成することができる（図9・4a）．2-アミノチアゾールは互変異性化が起こる．

4-アセトアミノベンゼンスルホン酸クロリドの合成

無水酢酸を用いてアニリンをアセチル化するとアセトアニリドを生じる（図9・4b）．つぎにクロロスルホン酸 $HOSO_2Cl$ で処理することにより，4-アセトアミノベンゼンスルホン酸クロリドが得られる．

スルファチアゾールの合成

2-アミノチアゾールは互変異性化するので，スルホン酸クロリドと2-アミノチアゾールとの縮合反応ではビス体が生成する（図9・4c）．このビス体を希塩酸で加熱還流すると，Nに置換しているカルボン酸アミドの結合を選択的に加水分解してスルファチアゾールが得られる．

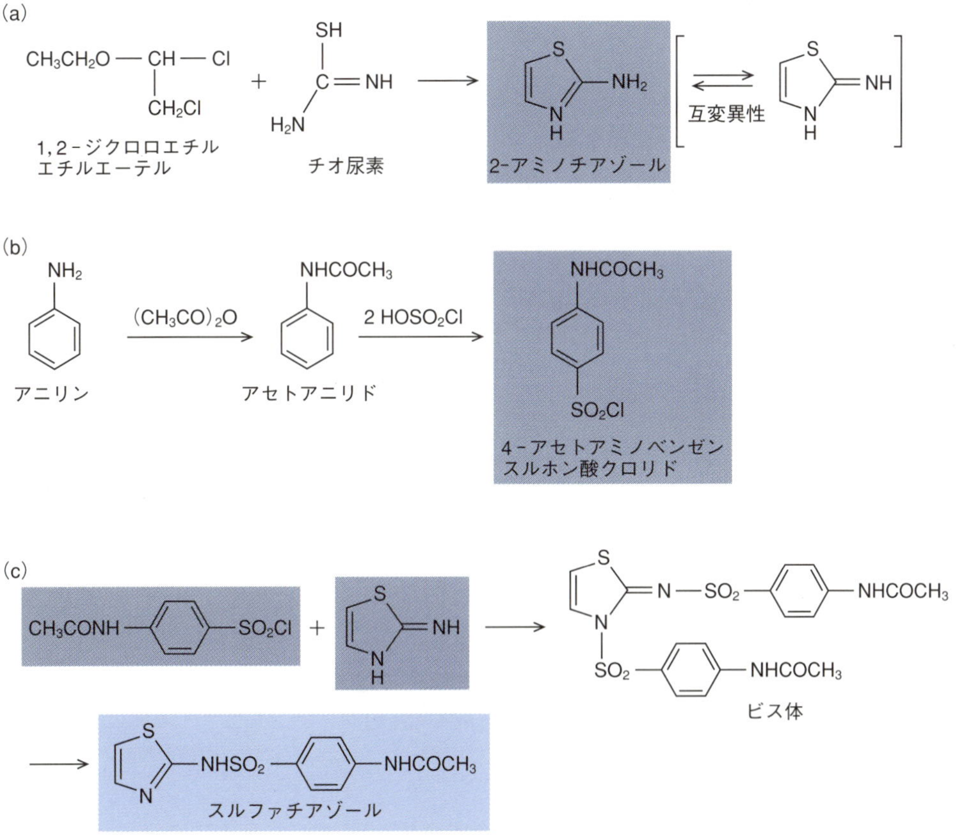

図9・4 サルファ剤の合成

4. インドメタシンの合成

インドール-3-酢酸骨格をもつ**インドメタシン** (indometacin) は医薬品として合成されている350種のインドール誘導体のなかで，最も効力が強く，毒性の低い非ステロイド系抗炎症剤である．

インドール骨格の合成

インドール骨格の合成は，フェニルヒドラジン**1**とケトンおよびアルデヒドが反応してできたフェニルヒドラゾン**2**からNH_3が脱離してインドール**3**へ閉環する，フィッシャー（Fischer）のインドール合成が最も有用で一般的である（図9・5）．

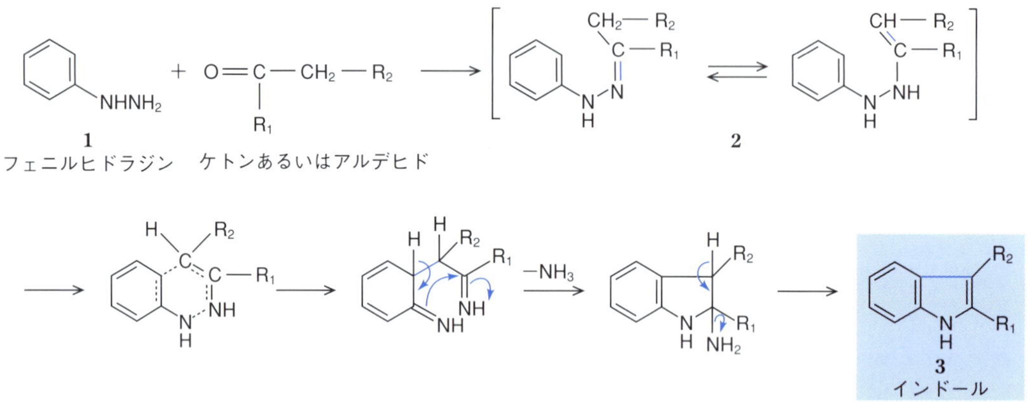

図9・5 フィッシャーのインドール合成

インドメタシンの合成

上記のインドール骨格の合成法を利用して，インドメタシンが合成される．図9・6に示すように，4-メトキシフェニルヒドラジン**1**とアセトアルデヒドからヒドラゾン**2**を合成し，**2**をピリジン中において4-クロロベンゾイルクロリドでアシル化して，ベンゾイル体**3**として，これをHClで加水分解するとヒドラジト体**4**が生成する．最後に酢酸中においてレブリン酸と加熱すると，閉環生成物インドメタシン**5**が得られる．

5. ダイオキシンの合成経路

ダイオキシン（dioxin）は毒性が強く，発がん性や内分泌かく乱性などをもつ"環境ホルモン"として知られている．ダイオキシンは自然界にはほとんど存在しない物質であり，除草剤などを合成するときの副生成物と

人工化学物質のなかには，体内でホルモン様の作用をごく微量で示すために，本来のホルモンの働きを乱し，生殖異常や生殖器関連のがんなどを発生させる原因となるものが外部環境中に存在する．このような人工化学物質を俗に"環境ホルモン"，正式には"外因性内分泌かく乱物質"いう．

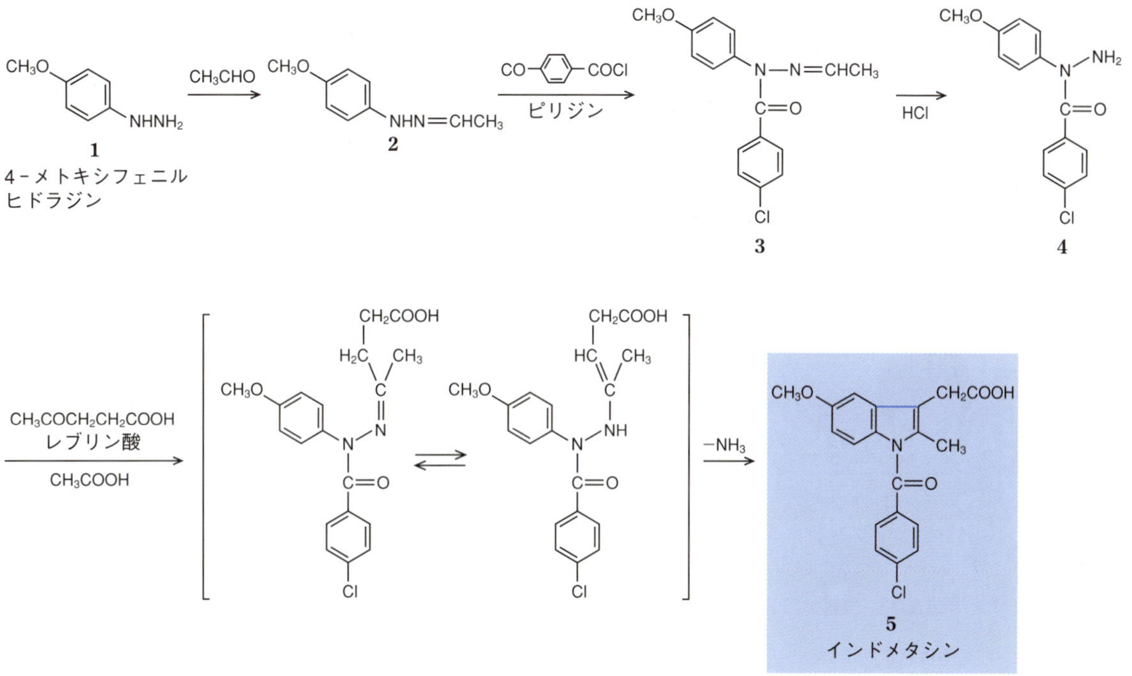

9. 応用的な合成反応　　131

図9・6　インドメタシンの合成

してつくり出されたものである．

除草剤 2, 4, 5-T とダイオキシン

　ダイオキシンが最初に注目されたきっかけは，ベトナム戦争のときに米軍が除草剤（枯葉剤）を散布した地域に，先天性の奇形児が見られたということに始まる．その後の調査で，原因は除草剤である 2,4,5-テトラクロロフェノキシ酢酸（2,4,5-T）の合成のさいに副生成物としてできたダイオキシンによるものと判明した．
　図9・7に示すように，2,4,5-T は 2,4,5-トリクロロフェノールとモノクロロ酢酸 $ClCH_2COOH$ の縮合反応で得られるが，この反応の副生成物としてダイオキシンの一種である 2,3,7,8-テトラクロロジベンゾ-p-ジオキシン（2,3,7,8-TCDD）が生成する．これは人工的に合成された化学

また，1976年に北イタリアのセベソで 2,4,5-T の製造工場での爆発事故により，120 kg ものダイオキシンが飛散し，大きな被害が発生したことはよく知られている．2,4,5-T は日本国内でも枯葉剤として国有林で使用されていたが，ベトナム戦争で問題になった後，1975年に農薬登録を失効されている．

ダイオキシンの合成経路

1,2,4,5-テトラクロロベンゼン → (NaOH) → 2,4,5-トリクロロフェノール → (ClCH₂COOH) → 2,4,5-トリクロロフェノキシ酢酸ナトリウム(2,4,5-T)

副生成物 → 2,3,7,8-テトラクロロジベンゾ-p-ジオキシン (2,3,7,8-TCDD)

図9・7 ダイオキシンの合成経路

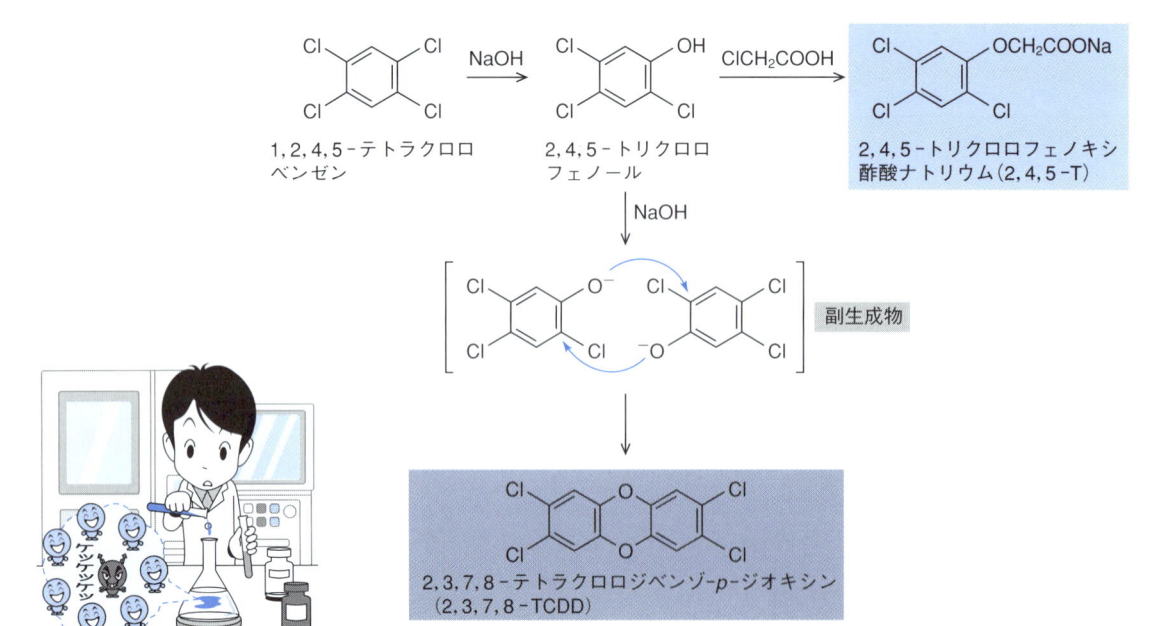

ダイオキシンの発生は化学工場ばかりでなく，ゴミ焼却炉で有機塩素化合物を含む製品を処理した場合などでも発生する．

物質のなかで，最も毒性の強いものの一つといわれている．

6. メントールの合成

同じ分子式をもつ有機分子のなかには，立体配置異性体が存在するものがある．さらに，これらは互いに鏡像関係にあるエナンチオマー（3章コラム参照）と，エナンチオマー以外の立体配置異性体であるジアステレオマーに分けられる．

一組のエナンチオマーでは物理的・化学的性質は同じであるが，光学的性質や生理作用が異なる．そのため，エナンチオマーの一方のみを選択的につくり出すことは，有機合成にとって重要である．これを**不斉合成**（asymmetric synthesis）という．

ここでは，**メントール**（menthol）の不斉合成について見てみよう．

ダイオキシンってどのようなもの

ダイオキシンは，ジベンゾ-p-ダイオキシンのポリクロロ誘導体（PCDD），ポリクロロベンゾフラン（PCDF）およびポリクロロビフェニル（PCB）などを含むダイオキシン類の総称である（図1）．そして，PCDDには78種類，PCFDには135種類，PCBには29種類もの異性体が存在する．

これらのダイオキシン類のすべてに毒性があるわけではない．毒性が認められているのはPCDDで7種類，PCDFで10種類，PCBで2種類であり，最も毒性の強いものが，4個の塩素が2,3,7,8の位置についたPCDDである．この2,3,7,8-PCDDの毒性を1とした場合，その他のものは0.5～0.001の範囲でそれぞれ異なる値を示す．

ポリクロロジベンゾ-p-ダイオキシン
PCDD （$m+n=1～8$）

ポリクロロジベンゾフラン
PCDF （$m+n=1～8$）

コプラナーPCB
Co-PCB （$m+n=4～7$）

図1 ダイオキシン類の構造

メントールの立体異性体

清涼感をもつ(−)-メントールはハーブのペパーミントの精油主成分であり，ミント精油中に40～60％含まれている．(−)-メントールには8種類の立体異性体がある（図9・8）．つまり，(−)-メントールのエナンチオマーとして(+)-メントールがあり，それに加えてジアステレオマーとしてネオメントール，イソメントール，ネオイソメントールがあり，さらにそれぞれに(+)と(−)の2種類のエナンチオマーが存在する．

メントールのもつ香りは立体異性体によって違いがあり，ミント特有のすっきりした清涼感のある香りは(−)-メントールのもので，もう一方のエナンチオマーである(+)-メントールは(−)体より清涼感は少ない．他の立体異性体はそれぞれ異なる香りをもつ．

ポイント！

不斉合成は医薬品などの開発に有用であり，有機化学の分野で最も活発に研究が行われている分野の一つである．

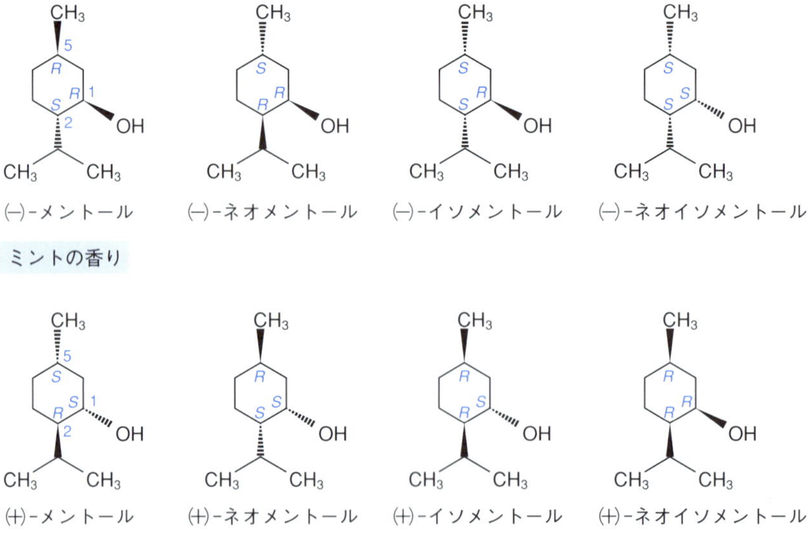

(−)-メントール (−)-ネオメントール (−)-イソメントール (−)-ネオイソメントール

ミントの香り

(+)-メントール (+)-ネオメントール (+)-イソメントール (+)-ネオイソメントール

図9・8　(−)-メントールの立体異性体

(−)-メントールの合成

(−)-メントールの合成はキラル触媒を用いた不斉合成によって，すでに工業的に生産されている（図9・9）.

(−)-メントールの合成はイソプレン **1** の二量化反応によりミルセン **2** を生成するのが第一段階である．ブチルリチウム存在下，**2** とジエチルアミンとを反応させると N,N-ジエチルゲラニルアミン **3** が生成する．

つぎは，アキラルである **3** のアミノ基の β 位の二重結合を α 位に移動させて，キラルなエナミン **4** へと変換する不斉異性化反応である．触媒として，$[(S)\text{-BINAP-Rh}]^+ \text{ClO}_4^-$（コラム参照）を用いると選択的に異性化反応を起こして，γ 炭素が R 体の (R)-シトロネラールエナミン **4** を生成する．**4** を加水分解して (R)-シトロネラール **5** が生じ，$ZnBr_2$ を用いて閉環し，つぎにイソプレコール **6** を水素化すると，(−)-メントール **7** が得られる．

(+)，(−)はエナンチオマーの旋光性の違いを示している．一組のエナンチオマーは偏光面を同じ大きさで，逆方向に回転させる性質をもつ．このとき，偏光面を時計回りに回転させる性質を右旋光性といい，(+)をつけて表す．一方，反時計回りに回転させる性質を左旋性といい，(−)をつけて表す．
不斉炭素（キラル中心）を複数もつ分子では，旋光度の(+)や(−)という表示のみでは立体配置を表すのに不十分な場合がある．そのため，不斉炭素ごとに絶対配置がどのようになっているかを表す方法が R/S 表示である．図9・8に示した(−)-メントールは (1R, 2S, 5R)-(−)-メントールと表示される．R/S 表示法については，他書を参照されたい．

9. 応用的な合成反応   135

図9・9 (−)-メントールの合成

高砂香料工業はこの合成方法を企業化し，(−)-メントールを年間1000トン以上生産している．清涼感をもつ(−)-メントールは歯みがき，チューインガム，飲料，菓子，化粧品，タバコ，医薬品などに用いられている．

不斉触媒

1980年以前までは，エナンチオマー混合物から一方のみを取出すには分留あるいは分割（光学分割）という方法が必要であった．しかし，野依良治氏の開発した不斉触媒 BINAP（(S)-2,2′-ビス(ジフェニルホスフィノ)-1,1′-ビフェニル）を用いると（図1），エナンチオマーの一方を選択的に合成することができるようになった．

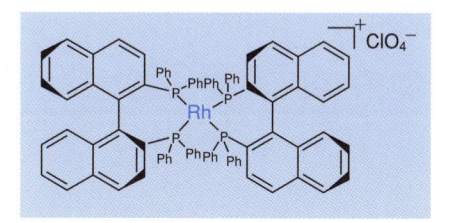

図1 BINAP 錯体触媒

BINAP（バイナップ）は不斉ホスフィン配位子をもつ化合物である．この BINAP を配位子とする錯体触媒は，(S)-BINAP-Rh 錯体を用いて反応させると R 体の生成物が，(R)-BINAP-Rh 錯体を用いると S 体の生成物が選択的に得られる．

以上のような不斉合成反応，不斉触媒の開発の業績が認められ，野依良治氏は2001年度ノーベル化学賞を受賞した．

10 有機合成の実際

　有機合成は，各種の複雑な操作の連続から成り立っている．反応装置は，温度などの反応条件に応じて，それぞれに適したガラス器具などを組立ててつくる．また，有機反応はほとんどが溶液中で行われるので，反応終了後は溶媒を除去し，生成物のみを取出す必要がある．多くの場合，反応生成物は混合物であるので，それらを分離して，目的の化学物質を取出し，さらに純度を高くするために精製しなければならない．

　最後に，合成した有機分子が，目的のものであるかどうかを確認することが必要であり，各種スペクトルを用いた構造決定が行われる．

　ここでは，上記のような一連の操作と構造決定について具体的に眺めながら，有機合成の全体像をしっかりと理解しよう．

ポイント！
有機合成の具体的な流れを知ることは重要である．

1. 反応装置

　反応装置は有機合成を行うための中心となる場である．有機合成は溶液中で行うことが多いので，試薬や溶液を入れる容器，混合するための撹拌装置，加熱装置などからなる．

ポイント！
基本的な反応装置にはどのようなものがあるのかを具体的に覚えておこう．

ガラス器具

　反応容器はガラス製であることが多い．ガラス器具は，フラスコ，冷却器など，用途にあった簡単な構造をもつパーツに分かれている．したがって，反応の種類に応じて，それらを組合わせて望みの装置を組立てること

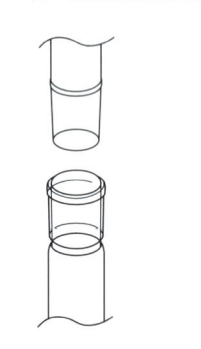

図10・1 ガラス器具の
ジョイント部分

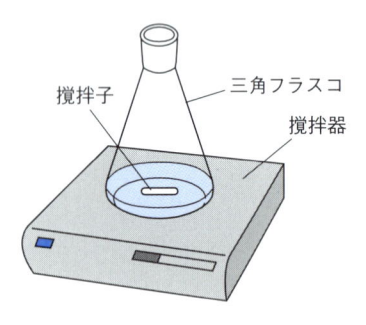

図10・2 撹拌装置
（撹拌子、三角フラスコ、撹拌器）

になる．

　ガラス器具の接続部分はジョイントとよばれ（図10・1），いくつかのサイズに厳密に規格化されている．そのため，互いのサイズが適していれば，気密な（気体，液体の漏れがない）装置を組立てることが可能になる．

撹拌装置

　室温で行う撹拌装置は溶液を入れるガラス容器と撹拌器からなる（図10・2）．有機合成では，生成物の取出しやすさや洗浄のしやすさから，ナス型フラスコがよく用いられる（図10・4参照）．また，三角（エルレンマイヤー）フラスコを用いることもある．

　フラスコの中に棒磁石からできた撹拌子（スターラー）を入れ，撹拌器の上に置く．撹拌器の内部には回転式の棒磁石が備わっており，それを回転されることによってフラスコ中の撹拌子が回転し，溶液が撹拌される仕組みになっている．

加熱還流

　加熱して反応させる場合に，加熱により溶媒が気化するので，蒸発した溶媒を冷却して元の液体にして反応容器に戻す必要がある．このような操作を**還流**（reflux）という．還流は反応容器の上部に冷却器（ジムロート冷却器）を接続することで行われる（図10・3参照）．

　加熱はウォーターバス（水浴）あるいはオイルバス（油浴）を利用する．これらを加熱するには，加熱装置のついた撹拌器を用いたり，電熱線で加熱した空気をファンで送るなどの方法がある．

グリニャール反応の装置

　典型的な反応装置として，グリニャール反応の装置を見てみよう．グリニャール試薬は酸素や水分によって分解する．そのため，グリニャール試薬を用いる反応の装置は，内容物が空気にふれないように気密性を保つように組立てられている．図10・3は典型的なグリニャール反応の装置である．反応容器には三口フラスコを用い，そこに温度計，冷却器，滴下漏斗

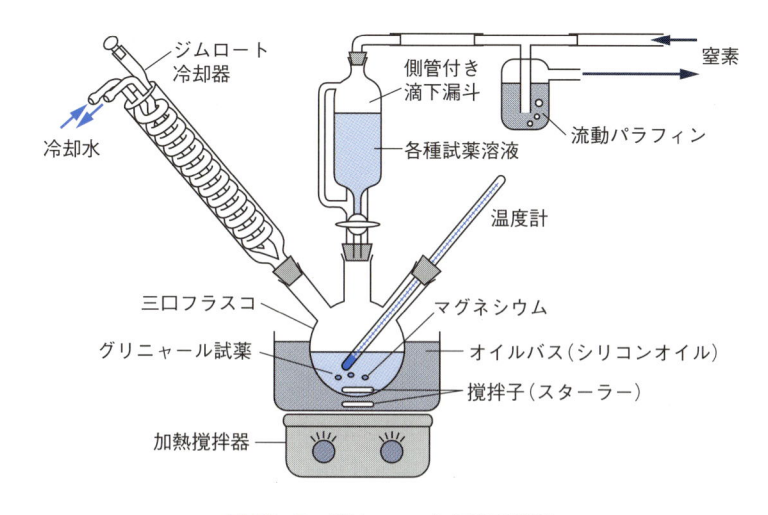

図10・3 グリニャール反応の装置

が接続してある．

　最初に，三口フラスコに溶媒と金属マグネシウムを入れ，滴下漏斗からハロゲン化物を滴下して，グリニャール試薬を調整する．ついで，滴下漏斗にカルボニル化合物を入れ，三口フラスコ中に滴下してグリニャール試薬と反応させる．最後に，滴下漏斗から水を加えて，反応物を分解し，目的の生成物を単離する．

　このように，1個の反応容器につぎつぎと試薬を入れて行う反応を"ワンポット反応"といい，合成操作が簡単であるという利点をもつ．

2. 分離・精製

　反応終了後の反応溶液には，目的の生成物のほかに，溶媒，未反応の出発原料，副生成物などが混在している．これらを分離して，目的のものだけを取出し（単離し），精製しなければならない．

ポイント！
有機合成において目的の生成物のみを得るためには，分離・精製は欠かせない操作である．

溶媒留去

　溶媒を蒸留によって除く（溶媒留去）には，ロータリーエバポレーター

140　Ⅳ. 合成反応の実際

図 10・4　ロータリーエバポレーター

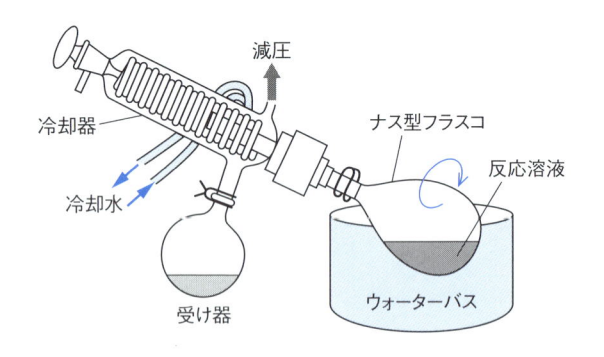

を用いる（図 10・4）．ロータリーエバポレーターは，冷却器，回転装置，真空装置によって構成されている．この装置に反応溶液を入れた容器（ナス型フラスコ）をセットすると，内部の圧力が低下し，溶媒が蒸発する．このさい，急激な沸騰（突沸）が起きないように，容器を回転させる．また，容器は必要に応じてウォーターバスにつけて加熱する．

抽　出

　適当な溶媒と，その溶媒に溶ける成分と，溶けない成分という 3 成分の混合物を容器に入れて撹拌すれば，溶解性のある成分だけが溶媒に溶けるので，二つの成分を分離することができる．
　一般に有機化学で**抽出**（extraction）というときには，二つの溶媒に対する溶解度の差を利用して混合物を分離することをいう．水と有機溶媒のような互いに混じりあわない 2 種類の溶媒と混合物を分液漏斗に入れて振り混ぜ，静置すると，水相と有機相に分かれる（図 10・5）．二つの相を別々に分けて取出せば，それぞれの相に溶ける成分に分離できる．

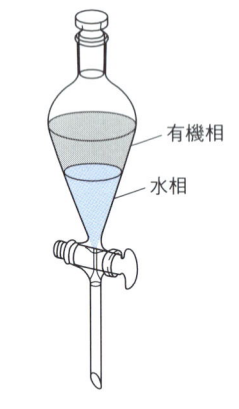

図 10・5　分液漏斗

蒸　留

　液体の混合物を分離するには，**蒸留**（distillation）を必要とする．蒸留装置は各種のものが考案されているが，図 10・6 は典型的なものの一つである．蒸留装置は容器（ナス型フラスコ），蒸留塔，温度計，冷却器，受け器，加熱装置などから構成されている．また，液体混合物の沸点が非常

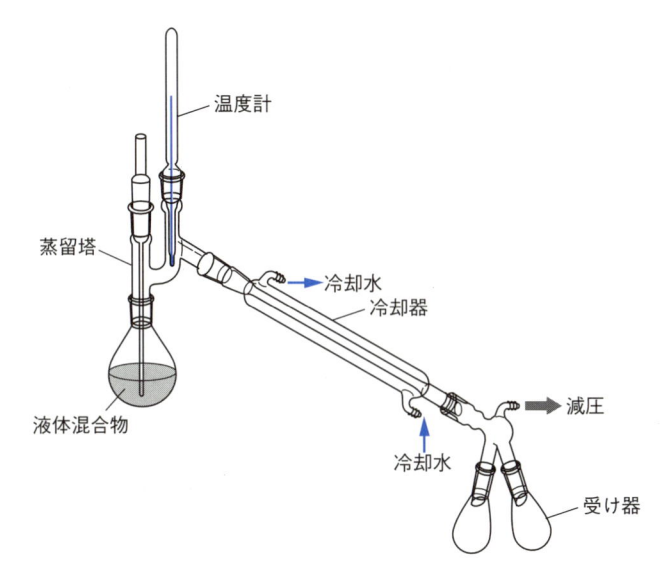

図 10・6　蒸留装置

に高い，あるいは加熱によって分解する場合には，容器内を減圧して，沸点を低下させる必要がある．

　蒸留操作は以下のようになる．容器に液体混合物を入れ加熱すると，最初に沸点の低いものが蒸発し，蒸留塔に達する．さらに，温度が高くなるにつれて，気体は蒸留塔を上昇し，冷却器に入ったところで液体になり，冷却器を伝わって受け器に到達する．温度計に表示された温度を監視しながら，受け器を交換すれば，沸点の異なる液体がそれぞれの受け器にたまり，沸点の違いによる分離，つまり分留が可能となる．

再 結 晶

　有機化合物の固体（結晶）が溶媒に溶けるとき，溶解度は温度が高いほど大きい．したがって，有機化合物をできるだけ少量で，沸点に近い高温の溶媒に溶かした後に放冷すると，溶解度が低下し，結晶が析出する．このような操作を**再結晶**（recrystallization）という．

　少量の不純物が混じった結晶を再結晶すると，主成分は結晶として析出するが，少量の不純物は溶けたままになる．そして，これをろ過すれば，

ポイント！
有機化合物の分離・精製はクロマトグラフィーの登場によって，迅速にかつ簡便にできるようになった．

純粋な結晶だけを取出すことができる．

3. クロマトグラフィー

混合物を分離・精製する方法として，クロマトグラフィーは広く利用されている．ここでは，ごく簡単にクロマトグラフィーにはどのようなものがあるのかを見てみよう．

クロマトグラフィーとは

クロマトグラフィー（chromatography）は，二つの相に対する混合物の親和性（相互作用）の違いによって，混合物を分離する方法である．通常，移動相とよばれる混合物の液体や気体を，固定相（充填剤）が詰められたカラムとよばれる細長いガラス管に流し込む．すると，固定相と親和性の小さい成分は速く移動し，固定相と親和性の大きい成分はゆっくり移動するので2成分が分離されることになる．分離に利用される相互作用には，吸着力や溶解度の差，分子の大きさの違いによる排除効果などがある．

固定相は固体あるいは液体である．液体のときは固体（支持体）に含浸させて利用する．

クロマトグラフィーでは，移動相が液体のときを**液体クロマトグラフィー**（liquid chromatography），移動相が気体のときを**ガスクロマトグラフィー**（gas chromatography）という．

液体クロマトグラフィー

図10・7はカラムを用いた液体クロマトグラフィーの仕組みを簡単に示したものである．まず，充填剤をカラムに入れ，さらに充填剤すべてが浸るまで溶媒を加える．つぎに，その上部に少量の溶媒に溶かした混合物を入れる．さらに充填剤の上部に溶媒を入れ，下のコックを開いて溶媒を滴下させ，一定量ずつ分けて採取する．このとき，充填剤に対する吸着性の違いにより，混合物の各成分は帯（バンド）となって異なる速度で移動するので，分離が可能となる．

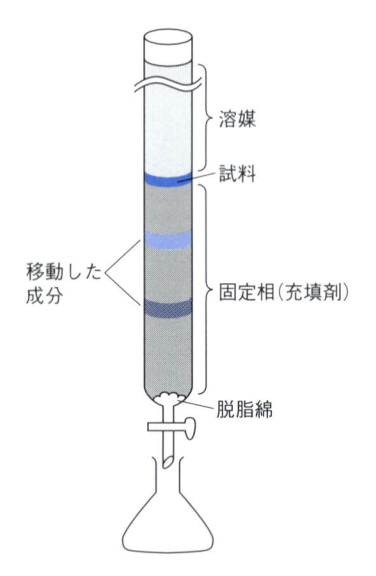

図10・7 液体クロマトグラフィー

高速液体クロマトグラフィー

高速液体クロマトグラフィー（high performance liquid chromatography, HPLC）は分離性能の向上を目指して，カラムクロマトグラフィーを改良してできたものである．この方法では，① 充塡剤の表面積を増やすために，充塡剤を均一で微小な粒子にする，② 高圧をかけて，混合物を含んだ液相が高速で移動できるようにする，③ 流出した物質を検出するための装置を設ける，などの工夫によって，高性能・高速化が実現されている．

HPLC は現在，最も広く利用されているクロマトグラフィーである．

HPLC のカラムは内径数 mm，長さ 10～30 cm のステンレスカラムが用いられる．

ガスクロマトグラフィー

図 10・8 はガスクロマトグラフィーの仕組みを簡単に示したものである．まず，混合物を適当な溶媒に溶かし，シリンジ（注射器）を用いて高温の気化室に入れてガス化させる．ガス化した混合物はキャリヤーガス（窒素やヘリウムなど）で運ばれて高温に保たれたカラムを通り，検出器で検出される．試料の注入から検出されるまでの時間（保持時間）の違いによって分離が可能となる．

カラムには，不活性担体（固体）に液体を含ませた固定相を詰めた充塡カラムと，液体の固定相を内壁に薄く塗布したキャピラリーカラムがある．キャピラリーカラムは内径 0.25 mm 程度で，長さは 30 m 程度のものが一般に利用される．

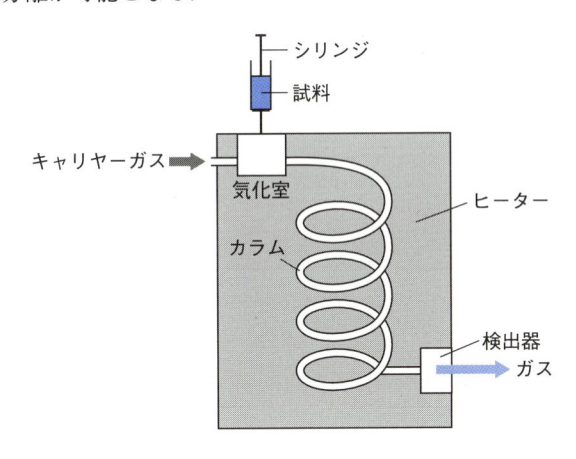

図 10・8　ガスクロマトグラフィーの仕組み

ガスクロマトグラフィーは高感度（少量の試料でよい）なので，環境中の汚染物質の分析などに欠かせないものである．しかし，1 回の分離に用

IV. 合成反応の実際

いることのできる試料の量が少ないので，有機合成のさいの生成物分離に利用されることはあまりない．

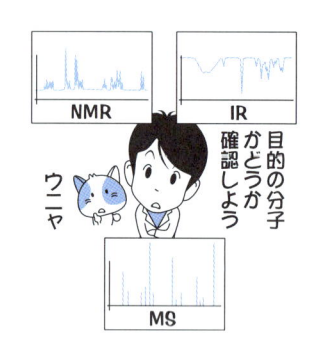

4. 構造決定

有機合成によって得た化合物が，目的のものかどうかを確認するためには，各種スペクトルを利用した構造決定を行わなければならない．ここでは，有機分子の構造決定に重要なスペクトルについて見てみよう．

マススペクトル

マススペクトル（mass spectrum, **質量スペクトル**）は分子量についての情報を与えてくれる．さらに，マススペクトルで得られた精密な分子量をもとに，分子を構成する原子の種類と個数，すなわち分子式を知ることができる．

マススペクトルは測定分子をイオン化して，イオン化によって生じた各種イオンの質量を測定したものである．

図 10・9 はメタノールのマススペクトルである．ここで，測定分子の分子量を示すピークを**分子イオンピーク**（molecular ion peak）という．通常，分子イオンピークは同位体ピークを除いて，最も大きな質量のピーク

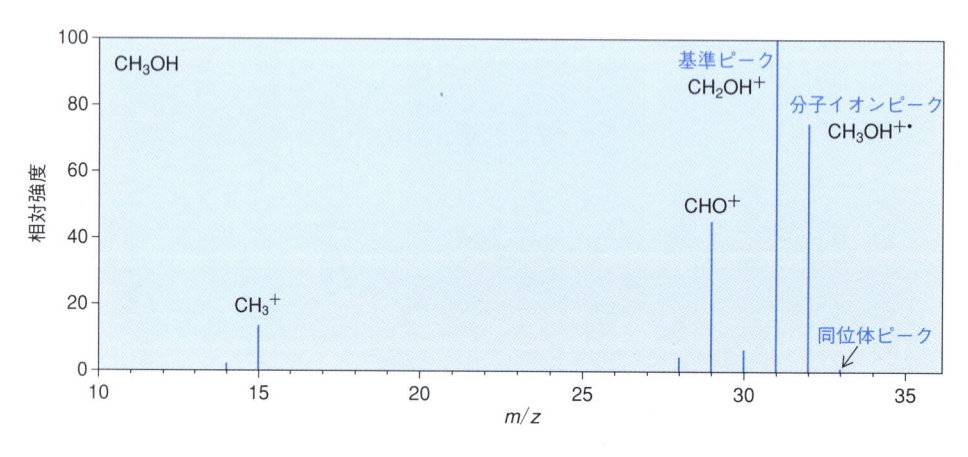

> **ポイント！**
> 各スペクトルからどのような情報が得られるかを知っておくことは，構造決定において重要である．

> 横軸は質量 m を電荷 z で割った値，縦軸はイオンの量（個数の相対値）を示している．縦軸はイオンの量の最も多いピークを 100 % として表した相対的な値である．図 10・9 において，イオン量の最も多いピークは m/z 31 のものであり，これを "基準ピーク" という．

図 10・9 メタノールのマススペクトル

に相当する．図10・9では m/z 32 のピークが分子イオンピークであり，メタノール CH_3OH の分子量 32 に相当する．

図10・9には，分子イオン $CH_3OH^{+•}$ の分解によってできた，小さく断片化されたイオン（CH_3^+, CHO^+ など）による"フラグメントピーク"も見られる．これらのピークの質量から，測定分子がどのような構造単位からなっているかなどの情報を得ることができる．

> 同位体ピークは，通常，分子イオンピークの右隣に見られる非常に小さなピークのことをいう．同位体ピークは，分子イオンが質量数の異なる同位体を含むために現れたものである．

赤外吸収スペクトル

赤外吸収スペクトル（infrared absorption spectrum, **IR スペクトル**）は，測定分子に赤外線を照射し，分子が吸収する赤外線のエネルギーを測定したものである．

赤外線のエネルギーは分子の振動や回転のエネルギーに相当する．分子は構成する原子団の結合が伸び縮みをするなどの振動をしており，その振動エネルギーに相当する赤外線を吸収する．このため，IR スペクトルでは，特定の官能基に基づく特徴的な吸収が見られる．このような吸収を"特性吸収"という．つまり，IR スペクトルから分子がどのような種類の官能基をもっているのかを知ることができる．

図10・10 はおもな官能基の特性吸収を示した IR スペクトルの模式図で

> IR スペクトルの横軸は波数（cm^{-1}），縦軸は透過率（％）を示している．波数は 1 cm あたりの波の数を示し，波数と赤外線のエネルギーは比例関係にある．すなわち，IR スペクトルでは左側にいく（波数が大きくなる）ほど，エネルギーは高くなる．
>
> 透過率は測定によってどの程度の割合で赤外線が吸収されたのかを示す値である．すべての赤外線が吸収されれば透過率は 0 ％であり，吸収がまったく起こらなければ透過率は 100 ％になる．つまり，IR スペクトルでは下にいくほど，赤外線の吸収が大きいことを示している．

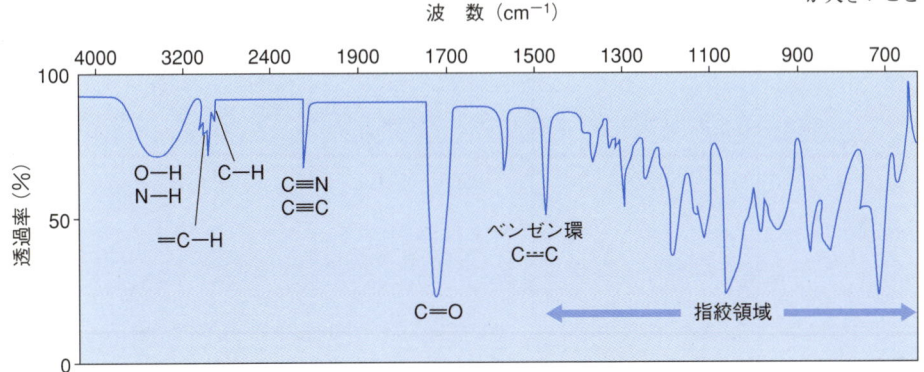

図10・10 特性吸収と IR スペクトル． 指紋領域では，単結合の振動に基づく多くの吸収が重なり，非常に複雑になる．しかし，その吸収パターンは化合物に固有のものなので，化合物を同定する"指紋"の役割を果たす．

ある．官能基の種類によって，特定の波数領域に特徴的な吸収があることがわかるだろう．

核磁気共鳴スペクトル

核磁気共鳴スペクトル（nuclear magnetic resonance spectrum，**NMRスペクトル**）は，有機分子の構造決定において最も強力な武器であり，特に水素（プロトン）のもの（^{1}H NMR）と炭素のもの（^{13}C NMR）は，頻繁に利用され，必要不可欠となっている．

NMRスペクトルは強力な磁場中に置かれた原子核に特定の周波数（振動数）の電磁波を吸収させ，その結果を測定したものである．

ここでは，プロトンNMRスペクトルを例にして，どのような情報が得られるのかを見てみよう（図10・11）．NMRスペクトルの縦軸はシグナルの強度，横軸は化学シフト δ を示す．

> NMRスペクトルの原理は複雑であるので，本書での解説は省略する．

A. 化学シフト

化学シフト（chemical shift，ケミカルシフト（単位は ppm））は分子中のプロトンの電子的環境（化学的環境）を反映するので，プロトンの種類を知ることができる．図10・11に示したように，メチル（H$_A$, H$_B$），メチ

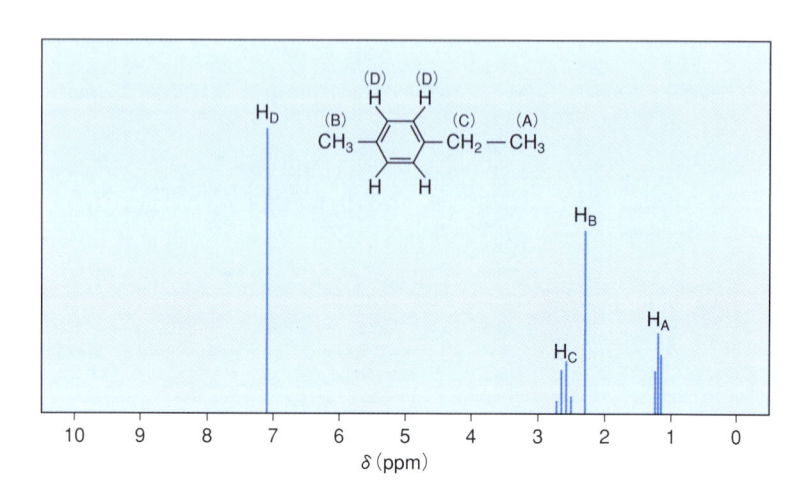

図10・11　*p*-エチルトルエンの ^{1}H NMRスペクトルの模式図

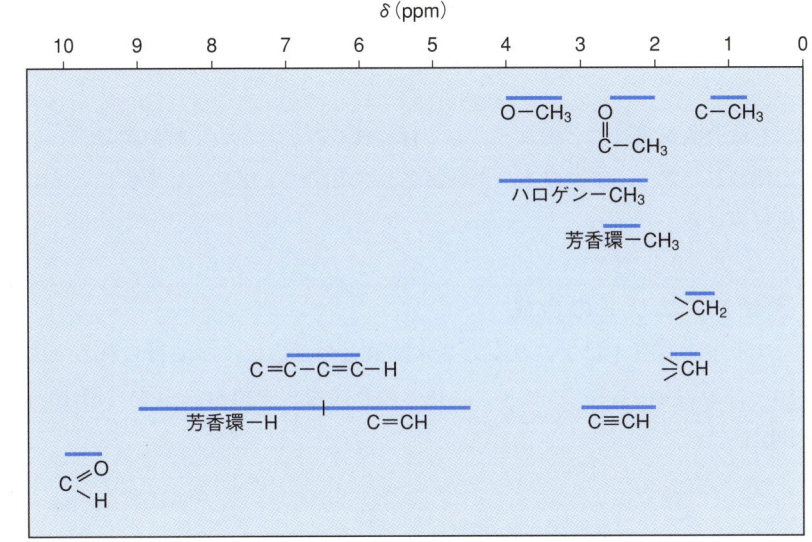

図10・12 化学シフトとプロトンの種類

レン（H_C），芳香環（H_D）などのプロトンの種類によって化学シフトの値が異なることがわかるだろう．また，図10・12にはおもなプロトンの種類と化学シフトとの関係を示した．

B. シグナルの分裂

　図10・11ではシグナルの分裂が見られる．一般にプロトン H_X のシグナルは，隣に n 個のプロトン H_Y がある場合には，$(n+1)$ 本に分裂することがわかっている．たとえば，図10・11のメチルプロトン H_A のシグナルは3本に分裂している．これは，メチルプロトンの隣に2個のプロトン，つまりメチレンプロトン H_C が存在することを示している．また，H_C は隣の CH_3 によって4本に分裂することになる．

　分裂したシグナルの間隔を"結合定数"といい，化学シフトと同様にNMRスペクトルにおいて重要なものである．結合定数からはプロトンの立体的な配置，つまりアルケンのシス・トランスやベンゼン環のオルト，メタ，パラの位置関係などについての情報が得られる．

※ポイント！
プロトンの種類と化学シフトの関係を示したチャートは便利であるので，有効に活用しよう．

一般にシス体よりトランス体のほうが結合定数は大きい．また，ベンゼン環での結合定数の大きさはオルト＞メタ＞パラの順になる．

5. 有機合成をやってみよう

有機合成が実際にどのようにして行われるのか，かつて解熱鎮痛剤として使われたアセトアニリド（医薬品名，アンチフェブリン）を例にとって見てみよう．

アセトアニリドの合成

アセトアニリドはアニリンと無水酢酸との反応によって得られる（図10・13a）．以下に，アセトアニリドの合成過程を簡単に示す（図10・13b）．

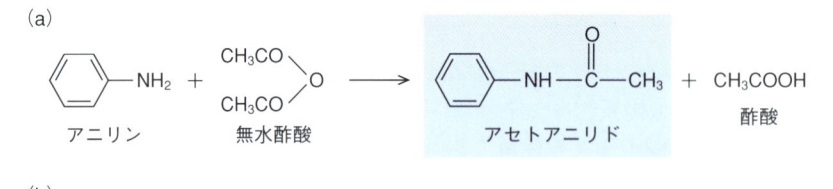

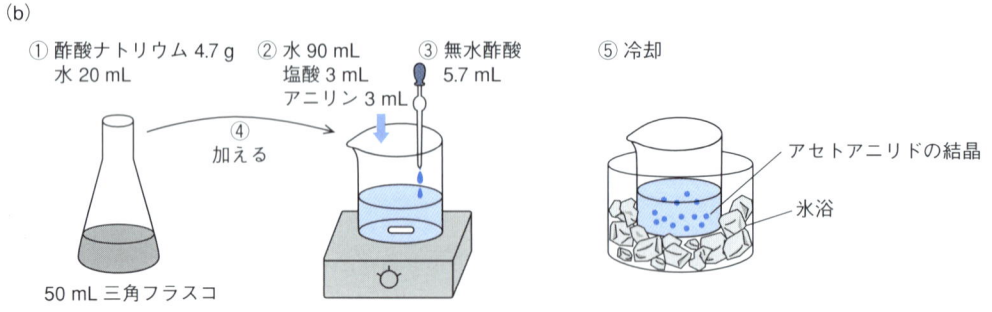

図10・13 アセトアニリドの合成

① 50 mL 三角フラスコに 4.7 g の酢酸ナトリウム CH_3COONa と，20 mL の水を入れて溶かし，酢酸ナトリウム水溶液をつくる．
② 200 mL のビーカーに 90 mL の水，3 mL の塩酸，3 mL のアニリンを入れ，撹拌器の上に置いて，撹拌子を回転させ，混合する．
③ 上のアニリン溶液に 5.7 mL の無水酢酸をピペットで加える．

④ さらに，①で用意した酢酸ナトリウム水溶液を加える．
⑤ ビーカーを撹拌器から下ろし，氷浴につけるとアセトアニリドの結晶が析出する．

分　離

上記の合成によって得られたアセトアニリドの結晶を反応溶液から分離する（図10・14）．
① ブフナー漏斗にろ紙を敷いて，減圧ろ過する．
② ブフナー漏斗に反応溶液を注ぐと，結晶がろ紙上に残る．

これで，アセトアニリドの結晶と不必要なろ液との分離が行われたことになる．

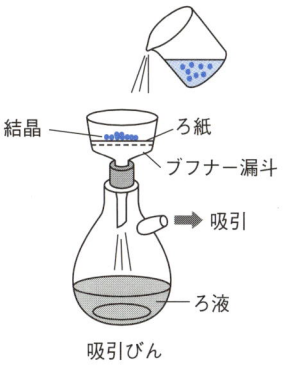

精　製

反応溶液から分離したままのアセトアニリドには不純物が含まれるので，再結晶によって精製する（図10・15）．
① アセトアニリドの結晶を300 mLの三角フラスコに移し，100 mLの水を加えて加熱溶解させる．
② もし，アセトアニリドが容器の底に油状になって残っている場合には，さらに水を加えて加熱し，完全に溶解させる．
③ そして，溶液を放冷するとアセトアニリドの結晶が析出する．
④ 容器を氷浴で冷やし，結晶を完全に析出させる．
⑤ 上記の分離操作によって，結晶をろ別する．

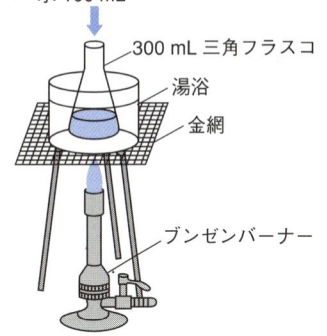

融点測定

融点測定装置で融点を測定する．合成で得られた結晶の融点が，文献値（115 ℃）に一致すれば，その結晶はほぼ間違いなくアセトアニリドであると考えられる．

さらなる確認が必要な場合には，アセトアニリドの標準試料との混合融点を測定する．すなわち，図10・16に示したような3種類の試料を同時に加熱し，これらが同時に融けることを確認する．もし，混合試料だけが速く（低温で）融けた場合には，それは凝固点降下が起きていることにな

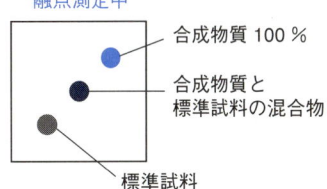

150　Ⅳ. 合成反応の実際

る．したがって，混ぜあわせた二つの試料は互いに異なる物質であることになり，合成によって得られた物質はアセトアニリドではないことになる．

スペクトル測定

合成した物質のスペクトルを標準試料のスペクトルと比較して一致すれば，この物質はアセトアニリドに間違いないことになる．

図 10・17 はアニリンとアセトアニリドの IR および ^{1}H NMR スペクトルを比較したものである．

IR スペクトルでは，NH 伸縮振動による 3400 cm^{-1} 付近の吸収がアニリンでは 2 本，アセトアニリドでは 1 本になっている．また，アセトアニリドでは C＝O 伸縮振動によるカルボニル基に特徴的な強く鋭い吸収が 1700 cm^{-1} 付近に見られる．

> アミンとアミドの NH 伸縮振動による吸収は 3400 cm^{-1} 付近に見られる．この吸収は第一級（RNH$_2$，RCONH$_2$）では 2 本，第二級（RR´NH，RCONHR´）では 1 本になることがわかっている．つまり，第一級アミンであるアニリンは 2 本，第二級アミドであるアセトアニリドでは 1 本の吸収になる．

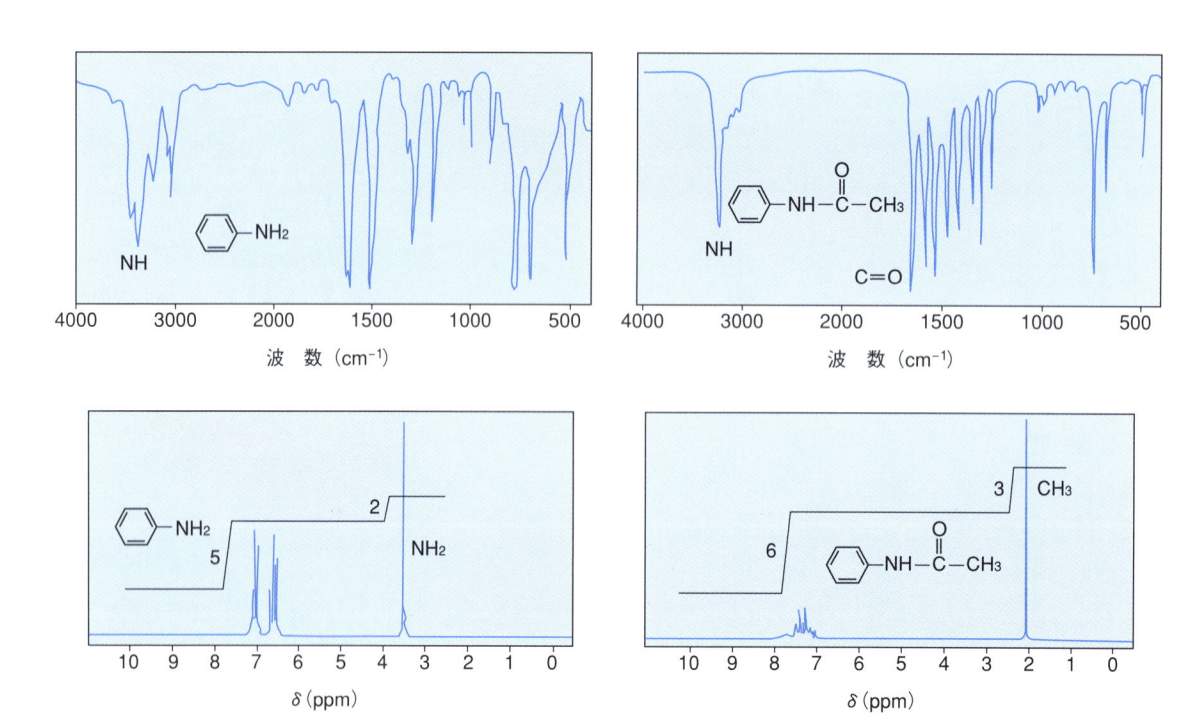

図 10・17　アニリンとアセトアニリドの IR スペクトル（上）および ^{1}H NMR スペクトル（下）

^{1}H NMR では，階段状の曲線から水素数の比に違いがあることがわかる．また，アセトアニリドではアセチル基 – COCH$_3$ のメチルプロトンに特徴的な吸収が 2.1 ppm 付近に見られる（図 10・12 参照）．一方，アセトアセトアニリドの 3.5 ppm 付近に見られる吸収は NH$_2$ のプロトンによるものである．

階段状の曲線は，各シグナルの面積（強度）を積分という操作によって求めたものである．シグナルの面積はシグナルを与えるプロトンの個数に比例する．よって，この階段の高さの比から，それぞれのシグナルに相当するプロトンの数を求めることができる．

索　引

あ

IR スペクトル　145, 150
アクロレイン　123, 124
アクロレインアニリン　124
アシル化　60
アスピリン
　——の合成　126, 127
アセタール　44, 105
アセチル化　121
アセチルサリチル酸
　——の合成　126, 127
アセチレン
　——の構造　11
アセトアニリド　150
　——の合成　148
4-アセトアミノベンゼンスルホン酸
　　　　　　　クロリド　128, 129
アセトアルデヒド　69, 130
アセトン　27, 100
アゾイソブチルニトリル（AIBN）　21
アニオンラジカル　24, 71
アニリン　123, 124, 150
　——のニトロ化　121
アミド　63, 64, 66, 103, 105
アミノ基　4, 55, 91
　——の導入　62, 63
2-アミノチアゾール　128, 129
アミン　4, 50, 55, 56, 62, 66
　——の付加反応　42
アリルラジカル　20
アルカン　30, 54
アルキル化　38, 82, 83
アルキン　47, 54, 74, 87, 109, 110
　——への接触水素化　40
アルケン　29, 45, 46, 53, 56, 58, 60, 68,
　　　　　87, 113, 115, 116
　——への臭化水素付加　41
　——への臭素付加　40, 41
　——への接触水素化　40
アルコキシドイオン　122
アルコール　4, 49, 55, 56, 57, 65, 66,
　　　　　68, 81, 82, 86, 91, 95, 97
　——の酸化　59
　——の付加反応　42
アルデヒド　4, 27, 44, 49, 57, 58, 59,
　　　　　60, 64, 68, 83, 85, 91, 100, 111, 112,
　　　　　113, 115, 117, 119, 130
　——の合成　109
アルドール縮合　44, 45, 85, 87
α 水素　119
α 炭素　43, 44, 86
α 置換反応　117
安息香酸　61, 82, 119
アンチ付加　40
アンピシリン　77, 78

い, う

イオン
　——の安定性　23
イオン的切断　21, 23, 94
イオンラジカル　24
イソプレン　134, 135
一重項カルベン　47
1 分子脱離反応　28
1 分子求核置換反応　34, 35
E2 反応　29, 30
イミン　44, 59, 63
イリド　115
E1 反応　28
インドメタシン
　——の合成　129, 130, 131
インドール　130

ウィッティッヒ反応　48, 49, 83, 85,
　　　　　100, 115, 116
ウィリアムソン合成法　65, 122

え, お

AIBN → アゾイソブチルニトリル
エキソ体　46
液体クロマトグラフィー　142
SE 反応　36, 37
S_N2 反応　36, 56
S_N1 反応　34, 35, 56
エステル　57, 66
sp 混成軌道　11
sp^3 混成軌道　8
sp^2 混成軌道　9, 10, 13
エタン　9
p-エチルトルエン　146
エチレン　12, 27, 69, 86
　——の構造　10
エチレンオキシド　113, 114
エチレングリコール　104, 113, 114
HPLC　143
エーテル　65
　——の合成　122
エナンチオマー　34, 35, 36, 105, 132,
　　　　　133
NMR スペクトル　146, 150
NBS → N-ブロモスクシンイミド
エノラート　119
エノール形　59, 110
エポキシド　65, 66, 85, 113, 114
LDA → リチウムジイソプロピルアミド
塩化アルミニウム　38, 83
塩化オキサリル　113
塩化チオニル　59
塩化ベンゼンジアゾニウム　55, 64, 83
塩化メチル　38, 54, 83
エンド体　46

オキシム　44, 64
オキシラン　113
オキセタン　47

索引

オキソ法　69
オゾン　26, 27, 58
オルト・パラ配向性　38, 39, 119

か

外因性内分泌かく乱物質　130
化学シフト　146, 147
核磁気共鳴スペクトル　146
撹拌装置　138
過酸化水素　26
過酸化ベンゾイル　21, 22
ガスクロマトグラフィー　142, 143
カチオンラジカル　24, 71
過マンガン酸　27
過マンガン酸カリウム　26, 58, 119
ガラス器具　137
カラム　142, 143
カルベン　47, 48, 69, 87
カルボアニオン　23, 24
カルボカチオン　23, 24, 34
カルボキシ基　4, 30, 89, 91
　──の導入　61, 62
カルボニル化合物　58, 64, 72, 96, 119
カルボニル基　4, 42, 49, 50, 59, 81, 82, 84, 85, 104
　──の還元　57, 91
　──の求核付加反応　43
　──の導入　58
カルボン酸　4, 27, 30, 57, 59, 60, 61, 63, 66, 69, 82, 91, 112
環境ホルモン　130
還元剤　25, 26, 103, 104
還元反応　25, 57, 63
環状エーテル
　──の合成　122
官能基　4, 145
　──の選択的反応　103, 104, 105
　──の導入と変換　53
　──の変換　90
官能基相互変換　96
還流　138

き，く

基質　33
キノリン
　──の合成　123, 124

基本骨格　3, 4
逆合成解析　99
逆ディールス-アルダー反応　32, 46, 90
逆付加環化反応　32, 90
逆マルコウニコフ則　42, 111
求核試薬　34, 36, 43, 67
求核置換反応　34, 85
求核付加反応　42, 50, 82, 84
　カルボニル基の──　43
求電子試薬　34, 36, 37, 40
求電子置換反応　36, 37, 60
　ヘテロ芳香族の──　39
求電子付加反応　40
鏡像異性体　35
共鳴効果　16
共役ジエン　45
共役二重結合　12
共有結合　5, 6, 19
キレトロピー反応　31
均一開裂　19

クメン　27, 58
クラウンエーテル　75
グリセロール　123
グリニャール試薬　57, 59, 61, 62, 68, 75, 81, 82, 84, 98, 116, 117
グリニャール反応
　──の装置　138, 139
グリーンケミストリー　76, 103
クロマトグラフィー　142
クロム酸　112
m-クロロ過安息香酸　114
クロロクロム酸ピリジニウム（PCC）　112, 113

け，こ

結合
　──の切断　19
結合定数　147
ケト-エノール互変異性　111
ケト形　59, 110
ケトン　4, 27, 47, 49, 57, 58, 59, 60, 83, 89, 91, 97, 103, 105, 111, 115, 117, 130
　──の求核付加反応　44
　──の合成　109
ケミカルシフト　146

五員環　87

交差アルドール縮合　118
合成経路
　──の設計　101
合成等価体　96, 97, 98
酵素　77
構造決定
　有機分子の──　144
高速液体クロマトグラフィー　143
高分子
　──の合成　22
合流型合成法　102
五酸化バナジウム　62
五酸化リン　64
固相反応　74
コプラナー PCB（Co-PCB）　133
コルベ電解　30, 31
混成軌道　7

さ

再結晶　141
ザイツェフ則　29, 117
酢酸　121
サッカリン
　──の合成　125, 126
サリチル酸　126, 127
サルファ剤
　──の合成　127, 129
三員環　66, 87
酸化・還元反応　25
酸化剤　25, 26, 89, 112
酸化的切断　25, 58, 89
酸化反応　25, 49, 58, 119
　ブチルアルコールの──　112
三酸化クロム　112
三重結合　6, 9, 11
　──の導入と変換　51
三重項カルベン　47
酸素　26
サンドマイヤー反応　65, 83

し

ジアステレオマー　132, 133
シアノヒドリン　4, 82
シアン化水素　64
シアン化銅　64, 83
ジエン　45, 46

154　索　引

Co-PCB →コプラナー PCB
1,2-ジオール　58, 100, 113
　　——の合成　114
σ結合　6, 7, 10, 11, 15
シクロオクタテトラエン　24
シクロヘキサノン　27, 115, 116, 117, 119
シクロヘキセン　45, 46, 100
シクロペンタジエン　46
四酸化オスミウム　50, 58, 115
1,3-ジシアノプロパン　123
ジシアミルボラン　111
シス形　72, 46, 48
シス-1,2-ジオール　114, 115
シス付加　40, 50
質量スペクトル　144
ジメチルクロロスルホニウムイオン　112, 113
ジメチルスルホキシド　113
ジメチルホルムアミド(DMF)　70, 77
試薬　33
臭化水素付加　41, 50
臭化ベンジル　121
重クロム酸カリウム　26
重クロム酸ナトリウム　112
臭素化反応　119
臭素付加　40, 41, 50, 51
臭素ラジカル　120
蒸留　140
ジョーンズ試薬　112
シントン　94, 95, 97, 98
シン付加　40

す

水銀イオン触媒　109, 110
水素化アルミニウムリチウム　63
水素
　酸化剤としての——　26
水素移動反応　73
水素化アルミニウムリチウム　26, 50, 57, 91, 103, 104, 123
水素化ホウ素ナトリウム　26, 57, 103, 104
スクラウプ合成法　123
スチレン　22
スルファチアゾール
　　——の合成　128, 129
スルホンアミド　127, 128
スワーン酸化　113

せ, そ

精製　139, 149
セイチェフ則 →ザイツェフ則
赤外吸収スペクトル　145
接触還元 →接触水素化
接触水素化　40, 50, 63, 91, 92
遷移金属錯体　67, 68

相間移動触媒　75

た, ち

第一級アルコール　49, 57, 59, 61, 112, 113
ダイオキシン　133
　　——の合成経路　130, 132
第三級アルコール　57, 59
第二級アルコール　49, 57, 59, 113
第四級アンモニウム塩　71, 75
脱カルボニル反応　89
脱炭酸反応　30, 31, 89
脱離反応　28, 88, 90
タングステン触媒　69
単結合　6
　　——の酸化的切断　26
　　——の生成　33
　　——への変換　50
炭素骨格　4, 15
　　——の伸長　81
　　——の短縮　88
チオフェン　14, 39
置換基　3, 4, 15
　　——の配向性　38
置換基効果　16
置換反応　33, 55, 56, 82
　　ベンゼン誘導体の——　37
抽出　140
超臨界 CO_2　76, 77
超臨界流体　76
直線型合成法　102

て, と

DMF →ジメチルホルムアミド

ディールス-アルダー反応　45, 46, 47, 87, 100
2,3,7,8-テトラクロロジベンゾ-p-ジオキシン (2,3,7,8-TCDD)　131, 132
2,4,5-テトラクロロフェノキシ酢酸 (2,4,5-T)　131
1,2,4,5-テトラクロロベンゼン　132
電解還元反応　24, 71
電解酸化反応　24, 71
電解的脱炭酸反応　30, 31
電気陰性度　14, 15, 67
電気化学反応　70
電気分解　70
電子求引基　15
電子求引効果　15
電子供給基　15
電子供給効果　15
特性吸収　145
トランス形　72, 46, 48
トランス-1,2-ジオール　114
トランス付加　40, 50, 53
トリエチルアミン　113
2,4,5-トリクロロフェノール　131
トリフェニルホスフィン　115
o-トルイジン　126, 127
トルエン　83, 119, 120, 125, 126
　　——の合成　38

な　行

内部アルキン　111
ナフタレン　62
二酸化マンガン　58
二重結合　6, 9
　　——から単結合への変換　50
　　——の酸化　58, 60
　　——の酸化的切断　27
　　——の切断　89
　　——の導入　48
　　——への変換と還元　92
ニトリル　4
ニトリル化　71
ニトリル基　4, 59, 61, 63, 83
　　——の導入　64, 82, 91
p-ニトロアニリン
　　——の合成　121

索引

な行

ニトロ化　64
　　アニリンの——　121
ニトロ基
　　——の導入　63, 64
　　——の変換　91
ニトロベンゼン　64
2分子求核置換反応　36
2分子脱離反応　29, 30

熱的脱炭酸反応　30, 31

は

π結合　6, 7, 10, 11, 16
配向性
　　置換基の——　38
BINAP（バイナップ）　135
八員環　87
パラジウム錯体　69
パラ配向性　121
ハロゲン化　117
ハロゲン化アルキル　38, 122
ハロゲン化水素　53, 54, 55
ハロゲン化鉄　55
ハロゲン化銅　55
ハロゲン化ベンゼン　55, 82
ハロゲン化メチル　83
ハロゲン原子
　　——の導入　53, 54, 55
ハロゲンラジカル　21
ハンスディーカー反応　30
反応装置　137

ひ

BINAP　135
光異性化反応　72
光還元反応　72, 73
光反応　54, 72, 87
非共有電子対　6, 13
PCC→クロロクロム酸ピリジニウム
PCDF→ポリクロロジベンゾフラン
PCDD→ポリクロロジベンゾ-p-
　　　　　　　　　　　　　　ダイオキシン
ヒドラジン　26
ヒドロキシ基　4, 55, 91
　　——の導入　56, 57, 58
ヒドロキシルアミン　44, 50, 64

ヒドロホウ素化−酸化反応　111
ピリジン　13
　　——の合成　123
ピロール　13, 39

ふ

フィッシャーのインドール合成　130
フェニルヒドラジン　130
フェノール　27, 58, 126, 127
付加環化反応　45, 47, 48, 74, 86, 87, 116
付加反応　33, 39, 50, 51, 53, 54, 56, 81, 109
不均一開裂　21
不斉合成　35, 105, 132
不斉触媒　135
ブタジエン　12, 86, 87, 100
フタル酸　62
ブチルアルコール
　　——の酸化反応　112
ブチルアルデヒド　119
不対電子　6, 8
ブフナー漏斗　149
α, β−不飽和カルボニル化合物　119, 123
不飽和結合
　　——の導入と変換　48
フラン　14, 39
フリーデル−クラフツアシル化　60
フリーデル−クラフツアルキル化　38, 55, 83
プロトン（^{1}H）NMRスペクトル　146, 150
プロピン　109, 111
ブロモ安息香酸　119, 120
N-ブロモスクシンイミド（NBS）　120
分液漏斗　140
分極
　　結合の——　14
分子イオンピーク　144
分離操作　139, 149

へ

閉環反応　73
ヘテロ環　88

ヘテロ環化合物
　　——の合成　121
ヘテロ芳香族化合物　13, 39
ヘテロリシス　21, 23, 94
ペニシリン　77, 78
ベンジルアルコール　60, 61, 82
ベンジルラジカル　20, 121
ベンズアルデヒド　60, 61
ベンゼン　37, 38, 47, 55, 58, 60, 61, 63, 64, 74, 83, 87
ベンゼンスルホン酸　58
ベンゾニトリル　64, 83
ベンゾフェノン　72
ペンタセン　32

ほ

芳香族化合物　11, 13, 55, 71
保護基　44, 104, 105, 121
ホスホニウムイリド　115, 116
ホフマン則　30
ホモリシス　19, 20, 94
ボラン　56
ポリクロロジベンゾ-p-ダイオキシン（PCDD）　133
ポリクロロジベンゾフラン（PCDF）　133
ポリスチレン　22
ホルミル基　4
ホルムアルデヒド　82, 83
ボロディン反応→ハンスディーカー反応

ま行

マイクロ波
　　——による反応　74
マススペクトル　144
末端アルキン　109, 111
マルコウニコフ則　42, 109, 111
水
　　——の付加反応　42, 56, 59, 109, 110
無水マレイン酸　46
メタセシス　69
メタノール　144

156　索　引

メタ配向性　38, 39
メタン　5
　——の構造　8
メチル基
　——の導入　81
1-メチルシクロヘキセン　114, 117
メチルラジカル　8, 9, 20, 54
メチレンシクロヘキサン　115
4-メトキシフェニルヒドラジン
　　　　　　　　　　130, 131
メントール
　——の合成　132, 134, 135

モリブデン触媒　69

や　行

有機過酸　26, 27, 64, 113
有機金属試薬　67
誘起効果　14, 15

有機合成　3
有機マグネシウム試薬　68
有機リチウム試薬　61, 67, 68, 75, 83,
　　　　　　　　　　　　84, 86
融　点
　——の測定　149
溶媒留去　139
四員環　86

ら　行

ラクタム　66, 88
ラクトン　66, 88, 89
　——の合成　123
ラジカル　8
　——の安定性　20
ラジカル置換反応　120
ラジカル的切断　19, 20, 22, 94
ラセミ体　34, 35

立体異性体
　メントールの——　133, 134
リチウムジイソプロピルアミド
　　　　　　　　　（LDA）　119
立体選択的反応　46
立体特異的反応　46, 114, 115

冷却器　138

六員環　87
ロジウム触媒　69
ロータリーエバポレーター　140

わ

ワッカー法　69
ワルデン反転　36, 56
ワンポット反応　68, 139

齋　藤　勝　裕
さい　とう　かつ　ひろ

1945年　新潟県に生まれる
1969年　東北大学理学部 卒
1974年　東北大学大学院理学研究科博士課程 修了
現　名古屋工業大学大学院工学研究科 教授
専攻　有機物理化学, 超分子化学
理 学 博 士

宮　本　美　子
みや　もと　よし　こ

1943年　茨城県に生まれる
1966年　北里大学衛生学部 卒
現　北里大学理学部 講師
専攻　有機合成化学
農 学 博 士

第1版 第1刷 2008年10月24日 発行

わかる有機化学シリーズ 4
有 機 合 成 化 学

Ⓒ 2008

著　者　齋　藤　勝　裕
　　　　宮　本　美　子

発行者　小　澤　美奈子

発　行　株式会社 東京化学同人
東京都文京区千石3丁目36-7（〒112-0011）
電話 03-3946-5311・FAX 03-3946-5316
URL：http://www.tkd-pbl.com/

印　刷　ショウワドウ・イープレス㈱
製　本　株式会社 松岳社

ISBN978-4-8079-1491-3
Printed in Japan

わかる有機化学シリーズ

1 有 機 構 造 論　　　　　　　齋 藤 勝 裕 著
2 有 機 反 応 論　　　　　　　齋 藤 勝 裕 著
3 有機スペクトル解析　　　　　　齋 藤 勝 裕 著
4 有 機 合 成 化 学　　　　齋藤勝裕・宮本美子 著
5 有 機 立 体 化 学　　　　齋藤勝裕・奥山恵美 著